Gregor Fauma

UNTER AFFEN

Warum das Büro ein Dschungel ist

Bildrechte Autorenfoto: kacy.at, Thomas Magyar Fotodesign, WIFI Wien/Florian Wieser
Bildrechte Umschlag: RT – fotolia.com

Der Verlag und seine Autoren sind für Reaktionen, Hinweise oder Meinungen dankbar. Bitte wenden Sie sich diesbezüglich an verlag@goldegg-verlag.com.

Der Goldegg Verlag achtet bei seinen Büchern und Magazinen auf nachhaltiges Produzieren. Goldegg Bücher sind umweltfreundlich produziert und orientieren sich in Materialien, Herstellungsorten, Arbeitsbedingungen und Produktionsformen an den Bedürfnissen von Gesellschaft und Umwelt.

ISBN Print: 978-3-903090-56-9
ISBN E-Book: 978-3-903090-57-6

© 2016 Goldegg Verlag GmbH
Friedrichstraße 191 • D-10117 Berlin
Telefon: +49 800 505 43 76-0

Goldegg Verlag GmbH, Österreich
Mommsengasse 4/2 • A-1040 Wien
Telefon: +43 1 505 43 76-0

E-Mail: office@goldegg-verlag.com
www.goldegg-verlag.com

Layout, Satz und Herstellung: Goldegg Verlag GmbH, Wien
Druck und Bindung: CPI books GmbH, Leck

Inhaltsverzeichnis

Vorwort oder:
meine Faszination am Verhalten

Je größer bei uns Menschen die Fähigkeit zur Selbstreflexion ist, desto optimistischer sehe ich die Entwicklung und die Zukunft von uns Menschen. Wahrscheinlich ist die Fähigkeit zur Selbstreflexion samt dem Ableiten von Konsequenzen sogar Bedingung dazu, am Planeten Erde zu überleben. Dazu soll dieses Buch beitragen. Und Freude soll es beim Lesen bereiten, heitere Erkenntnis und lustvolle Einsichten.

Von Kindesbeinen an muss ich nach wie vor jedem Greifvogel am Himmel hinterhersehen. Kaum etwas ist für mich Verhaltensforscher spannender als ein Luftkampf zwischen einem Greifvogel und attackierenden Krähen. Dafür lasse ich sogar den Tatort am Sonntagabend sausen! Mindestens ebenso magisch ziehen mich Kleinstgewässer und ihre Ränder an. Ich könnte stundenlang die Uferzonen betrachten und freue mich nach wie vor wie ein Kind, wenn ich darin bunte Schwimmkäfer, hungrige Libellenlarven und filigrane Wasserzikaden beobachten kann. Kaum etwas macht mir gleich viel Freude und lässt mich so sehr in mich versinken wie das stille, möglichst unbemerkte Beobachten der Natur. Nur eine Sache kann das noch toppen: das Erforschen des menschlichen Verhaltens!

Warten auf die Straßenbahn? Mir war nie fad, ich beobachtete und kategorisierte die Menschen um mich herum. Anstellen an der Supermarktkassa? Großartig, was man da an Verhaltensmustern erleben kann! Arbeiten mit einer Gruppe von Führungskräften, die ihre Präsentationsskills verbessern will? Ein Höhepunkt für mich als Verhaltensbiologen.

Ursprünglich wollte ich Immunologe werden, mich mit Lebewesen auseinandersetzen, die so klein sind, dass man sie mit freiem Auge nicht erkennen kann. Die Arbeitsumgebung für Immunologen ist dann steril, man ist selbst steril, wird von Neonlicht beleuchtet und versteckt sein Gesicht hinter einem Mundschutz. Das Tageslicht kennt man vom Hörensagen, im Mikroskop wird man es nicht finden.

Dann hörte ich von Professor Karl Grammer im Rahmen meines Biologiestudiums allerdings die Einführungsvorlesung in die Humanethologie, in das Studium des menschlichen Verhaltens – und es war um mich geschehen. Ich konnte ab diesem Moment an nichts anderes mehr denken, versank komplett in die spannendsten Theorien (Red Queen, Sexy son, Sperm competition, …) und wusste, dass dies der Weg meines zukünftigen Lebens sein würde.

Wir machten rund um die Uhr verhaltenswissenschaftliche Experimente, nur eben nicht mit Ameisen oder Meerschweinchen, sondern mit Homo sapiens, dem spannendsten Wesen auf unserem Planeten. Wir filmten Menschen beim Tanzen auf Clubbings, analysierten deren Bewegungen, rechneten deren Hormonstatus gegen, kontrollierten auf Beruf und Einkommen, achteten auf Attraktivitätsattribute und auf fruchtbare Tage. Wir maßen, wieviel nackte Haut junge Frauen in Abhängigkeit ihrer Periode in Diskotheken zeigen; wir bewiesen, dass Menschen mit höherem sozialem Status schneller gehen und dass die Frauen daran schuld sind, dass die Männer stinken. Wir theoretisierten zur Schönheit als Signal erhöhter Parasitenresistenz und untersuchten, ob sich Partner tatsächlich riechen können. Körpersprache, nonverbale Kommunikation, Evolution von Hierarchien, Verhaltensweisen in Gruppen, Signale der Macht und der Unterwerfung, die Biologie der Wahrnehmung, die Methoden der Indoktrination, … auf so einer thematischen Spielwiese spielen zu dürfen, war und ist für mich ein unglaubliches Privileg.

Auf Universitäten gibt es nur wenig Platz. Ich habe infolge über 15 Jahre hinweg als Trainer und Coach gearbeitet, um Führungskräfte, Funktionäre und Politikerinnen und Politiker auf wichtige Vorträge, Präsentationen und Auftritte im

Fernsehen vorzubereiten. Mein Hintergrund als Verhaltensforscher bzw. Evolutionspsychologe war im Rahmen dieser Trainings immer dann hilfreich, wenn ich gewisse Abläufe und Mechanismen evolutionsbiologisch herleiten und erklären konnte. Körpersprache, Verhalten in Hierarchien, Führungsanspruch, Unterordnung, Kooperationsbereitschaft und viele andere Aspekte wurden zu zentralen Themen in den Trainings. Kurze, einstündige Inputs lieferten meinen Kunden jene Erkenntnis, die sie brauchten, um sich in ihren Verhaltensweisen zu ändern. Meistens wollten die Kunden beim gemeinsamen Mittagessen noch mehr dazu wissen. So entwickelten sich meine Talks zu diesen Themen.

Es war stets schön zu sehen, wie sehr sich meine Kunden und späteren Zuhörer für diesen Themenbogen interessierten. Viele hatten schon jede Menge Kommunikationstrainings absolviert, aber die Inputs eines Verhaltensbiologen, der stets um Inhalte bemüht ist, die evidence based sind, waren für die meisten neu – und sie wollten mehr davon hören oder fragten mich um Buchempfehlungen.

Das war für mich ausreichend Auftrag, immer mehr Themen aus dem beruflichen Alltag meiner Kunden evolutionsbiologisch aufzurollen und dahingehend zu analysieren.

In diesem Buch unternehme ich den Versuch, erst ein wenig die Evolution zu erklären und infolge daraus Licht auf deren Auswirkungen im täglichen Business zu werfen:

Es geht um Zwischenmenschliches, Hierarchisches, um kooperatives Verhalten am Arbeitsplatz, um Statussymbolik und, ein Schwerpunkt, um die evolutionsbiologischen Hintergründe des Präsentierens. Ich beleuchte, wie sich die unterschiedlichen Geschlechter auf die Arbeitsumgebung auswirken, warum der Vorstand scheinbar grundlos einen Mitarbeiter anschreit und warum wir in Wahrheit immer noch »unter Affen« sind, wenn wir unserer täglichen Arbeit nachgehen.

Dabei ist es mir wichtig herauszustreichen, dass die Evolutionstheorie sehr viel erklären und herleiten kann, dass sie aber niemals irgendetwas entschuldigt. Der Kampf um Ressourcen und Status ist meist brutal und grausam. Viele unserer Verhaltensmuster sind darin begründet, aber dadurch nicht legitimiert. Die Evolution hat uns nämlich auch mit moralischem Denken und Fühlen ausgestattet, mit Gerechtigkeitssinn! Seien wir uns dessen bewusst.

Gnothi seauton, erkenne dich selbst, so steht es am Apollo-Tempel von Delphi. Über seine Antriebe, Verhaltensoptionen und -limits Bescheid zu wissen, ist letztendlich die Basis, sich weiterzuentwickeln, in seiner Persönlichkeit zu wachsen und in gewissen, heiklen Situationen einen kühlen Kopf zu bewahren. Denn ein heißes Hirn denkt nicht gut.

In diesem Sinne wünsche ich Ihnen viel Freude und zahlreiche neue Erkenntnisse bei der Lektüre dieses Buchs.

Gregor Fauma

FREIGEHEGE
ARBEITSPLATZ

Woran denken Sie, wenn Sie das Wort Verhaltensforscher hören?

Die meisten Menschen haben von einem Verhaltensforscher ein Bild, das einen in khakifarbener Uniform in der Wildnis herumstreifenden Wildtierbiologen zeigt, der Hirsch, Löwe und Antilope beobachtet, seine Beobachtungen zusammenfasst und für die neidgeplagte Fachwelt und die interessierte Öffentlichkeit dokumentiert. Das war eventuell einmal so.

So lange ich an der Universität war, haben wir Menschen in Diskotheken beim Tanzen gefilmt, Kleidung auf Universitäten fotografiert, gemessen, wie viel nackte Haut Frauen auf Tanzflächen zeigen und untersucht, ob Partner einander erschnüffeln können. Wir haben den Flirt untersucht, die Attraktivität von Gesichtern hinterfragt und geschaut, ob ein Computerprogramm an Hand des Ganges eines Menschen dessen Geschlecht erkennen kann.

In Summe ist es immer eine bunte Mischung aus Messungen in freier Natur (Diskotheken, Einkaufsstraßen, …) und Experimenten im geschützten Rahmen am Institut. Aber in Unternehmen sind wir nie hineingegangen.

In diesem Buch unternehme ich eine Leserführung durch ein virtuelles Unternehmen und beschreibe, welches Verhalten dort für einen Verhaltensbiologen bemerkenswert ist, wie es sich begründet und was eventuell klüger zu tun wäre.

Ich erkläre, warum die meisten Menschen zum Portier freundlich sind, der Vorstand genauso langsam wie die Reinigungskräfte geht und warum die Kollegin an manchen Tagen besonders schnippisch ist.

Gemeinsam mit Ihnen untersuche ich die Frage, warum manche Menschen packend präsentieren können und andere als wandelnde Schlafpulver gelten. Wir gehen der Frage nach, warum der Marketingleiter schon wieder noch mehr Budget einfordert und wieso die Mitarbeiterin vom Controlling immer so schlecht gelaunt sein muss – und überhaupt: Wer muss wen im Stiegenhaus grüßen? Kann man das am Smartphone erkennen oder an der Nähe des reservierten Parkplatzes zum Eingang? Wieso lässt man dem neuen Mitarbeiter alles durchgehen, verliert jedoch die Hilfsbereitschaft gegenüber jenen, die demnächst das Unternehmen verlassen werden?

Und auch der Flirt kommt in diesem Buch nicht zu kurz, gibt es am Arbeitsplatz doch immer wieder Gelegenheiten, ein wenig zu flirten: Woran kann der Kollege das ehrliche Interesse der Kollegin erkennen, wenn sie nur beim Kaffee in der Küche zusammensitzen? Wie reagieren die Kolleginnen im Büro auf ihr Verhalten? Und kann der Kollege sein bescheidenes Äußeres mit einem umso attraktiveren Einkommen wettmachen?

Die Arbeit bleibt in der Regel nicht abends am Arbeitsplatz liegen, sondern wird mit nach Hause an den Esstisch genommen und auch am Stammtisch in der Freundesrunde beim Wirten ums Eck besprochen. Gibt es eventuell Geschlechtsunterschiede beim Jammern? Prahlen die einen, während die anderen ihre Position kleinreden?

Nichts bleibt unbeleuchtet, alles muss vor den Vorhang. Die Wissenschaft hat in den letzten Jahren viele neue Erkenntnisse zum bunten Treiben von uns Menschen geliefert, Zeit, diese in den Alltag von uns Berufstätigen zu holen, zu staunen, zu schmunzeln – und es eventuell in Zukunft ein wenig anders zu machen.

KÖNIGSDISZIPLIN VERHALTENS- FORSCHUNG

Wir Menschen zeigen tagein tagaus bunteste Verhaltens-weisen. Wir putzen uns in der Früh die Zähne, zeigen diese einem anderen Autofahrer am Weg in die Arbeit und schmei-ßen uns dort vor irgendwem in den Staub – oder auch nicht. Wir können uns unser Verhalten aussuchen. Können wir wirklich?

Wer dirigiert unser Verhalten? Wer schafft uns an, die Faust zu ballen, wer gibt den Befehl, den Fluch wieder hin-unterzuschlucken und wer bestimmt eigentlich, ob ich mir im Rahmen eines Meetings Tee oder Kaffee einschenke? Gibt es frühzeitliche Ursprünge, die uns beeinflussen? Oder ist es Freund Harvey, der große unsichtbare Hase? Wer flüs-tert da? Und wie kommt es zu Verhaltensweisen, wenn kei-ner flüstert, wenn wir einfach nur etwas tun?

Mit all diesen Fragen setzen sich die Menschen seit ewi-gen Zeiten auseinander. Die Philosophen der Antike bis hin zu den Denkern der Moderne, alle stellten und stellen sich dieselbe Frage: Wieso sind wir, wie wir sind? Und die Politik hatte sich natürlich auch eingemischt, meist auf fragwürdige Theorien gestützt. Runtergebrochen auf das Banalste mein-te die Linke, dass der Mensch als unbeschriebenes Blatt auf die Welt käme, das man infolge entsprechend beschreiben, also formen könne. Daher war vom Menschen der Zukunft die Rede, er müsse nur geformt werden. Die Rechte hingegen meinte, dass der Mensch als komplett beschriebenes Blatt Papier auf die Welt käme. Er wäre, wie er ist, und aus. Der Stärkere gewinnt, und das sei gut so. Das Schwächere müsse verschwinden. Und das war schlecht so.

Beide Beiträge hatten unterschiedlich philosophische Qualitäten, die Umsetzung in die Praxis sorgte für Verbrechen undenkbarer Ausmaße.

Für die Verhaltenswissenschaften war die Übertragung der Evolutionstheorie auf ihre zentrale Fragestellung extrem fruchtbar. Es war der russisch-US-amerikanische Genetiker, Zoologe und Evolutionsbiologe Theodosius Dobzhansky, der 1973 mit folgendem Ausspruch die Bedeutung der Evolution auf den Punkt brachte: »Nothing in biology makes sense except in the light of evolution – Es gibt nichts Sinnvolles in der Biologie, es sei denn, man betrachtet es im Licht der Evolution.«

Das Verhalten von Lebewesen ist nicht rein genetisch fixiert. Es ist als Puffer zwischen Umwelt und Lebewesen zu sehen. Das Verhalten diente dem Lösen urzeitlicher Probleme, mit denen unsere Vorfahren konfrontiert waren: Druck durch Raubtiere, Leiden unter Parasiten, Hunger, Durst, Sexualtrieb, Gefahr durch Mitmenschen, …

Das Verhalten können wir als evolutionäre Spezialisierung zum Überleben betrachten. Es ist eine aktive Strategie, es verändert selbst seine Umwelt, um dadurch besser bestehen zu können. Die Alternative wäre, sich hinzusetzen, zu warten, zu hoffen, … aber diese Strategie wäre wohl kaum erfolgreicher. Zusätzlich unterliegt das Verhalten den Mechanismen der Selektion. Es unterscheidet sich darin nicht von der Entwicklung und Anpassung unserer Hände, unserer Augen, unseres Verstands (obwohl …, na ja, lassen wir das). Verhaltensmuster, die geholfen hatten, zu überleben und sich zu vermehren, setzten sich langsam im Laufe der

Evolution durch. Zum Beispiel das Teilen erbeuteter Nahrung mit den bei der Jagd glücklos gebliebenen Clan-Mitgliedern. Jene Verhaltensweisen, die kontraproduktiv waren, sind mit der Zeit verschwunden (auch wenn hier berechtigte Zweifel daran bestehen). Stellen wir uns zum Beispiel eine gewisse Schwäche vor, ein Risiko richtig einzuschätzen: Der Säbelzahntiger macht dann einmal »schnapp« und weg ist dieser Mensch, noch bevor er seine Eigenschaft durch Fortpflanzung weitergeben konnte.

Vergessen wir nur eines nicht: Die Anpassungen unseres Verhaltens an unsere Umwelt zum besseren Überleben ist in einer anderen Umgebung passiert als in jener, in der wir, die dieses Buch heute lesen können, nun leben! Wir sind heute ziemlich gut an die Umgebung von damals angepasst. Nur was hilft uns das? Die Sesshaftigkeit, die Landwirtschaft, arbeitsteiliges Leben – alle Errungenschaften sind gerade einmal 10.000 Jahre alt. Dieser Zeitraum ist für tiefgreifende Veränderungen unserer selektionierten Verhaltensweisen viel zu kurz. Wir haben uns vom Baum ins Büro, von der Savanne in den Seminarraum geschwungen und leben heute in anonymen Millionenstädten, statt in überschaubaren Clans und Stämmen.

Wir tauchen tief und klettern hoch

Unsere Körper sind zu fantastischen Leistungen fähig. Wir können die kompliziertesten Klavierstücke spielen, schwingen zwischen Barren und Ringen, als ob die Schwerkraft ausgesetzt ist, wir tauchen tief und klettern hoch, wir schlagen Räder und trinken im Handstand. Das können unsere Körper. Entwickelt haben sie sich jedoch nicht zu diesem Zweck. Das sind nur Möglichkeiten, die uns unser Grundgerüst zur Verfügung stellt. Das Grundgerüst wurde für andere Zwecke evolviert: gehen, laufen, essen, trinken, Sex, Verteidigung, Jagd, ... was es damals zum Überleben so brauchte.

Das Gleiche ist es mit unseren Verhaltensweisen. Es gibt ein Grundgerüst an Verhaltensweisen, das genetisch ziemlich fixiert ist, und die Möglichkeiten der Ausformung sind begrenzt. Und es gibt die sich aus dem Grundgerüst heraus ableitbaren Möglichkeiten, sich zu verhalten, bei denen die Grenzen weit gesteckt bis nicht sichtbar sind.

Zu beobachten ist dies wunderbar bei der Anbahnung von Fortpflanzung: Beim Kennenlernen und Flirten hat der Mensch ein ausgesprochen breites Spektrum an Verhaltensmöglichkeiten zur Verfügung. Wie aus einer gut sortierten Bonbonniere kann er seine Verhaltensstrategien wählen – oder sich gleich eine neue erfinden: Leander geht einfach zum Mädchen seiner Wahl hin, sagt, dass er sie interessant finde und kennenlernen wolle – und wartet dessen Reaktion ab. Im Gespräch ist er damit zumindest schon. Justin hingegen versucht, einfach möglichst oft in der Nähe seiner Angebeteten zu sein, um mit ihr quasi zufällig ins Gespräch kommen zu können. Je näher es jedoch zum Geschlechtsakt kommt, desto stereotyper werden die Verhaltensmuster, desto enger wird unser Rahmen, innerhalb dessen wir uns immer noch frei verhalten können. Der Geschlechtsakt selbst muss in Wahrheit nicht erlernt oder durch Aufklärung beigebracht werden, sondern es übernimmt dabei der Körper das Kommando und der Verstand wird zum staunenden und hoffentlich genießenden Beobachter. Das Spektrum an Verhaltensmöglichkeiten ist beim Sex, biologisch betrachtet, nicht sehr breit gefächert. Kamasutra hin, Joy of Sex her – wer sich fortpflanzen will, landet letztendlich ineinander.

Wir Menschen können uns unsere Verhaltens-Freiheitsgrade wie einen Trichter vorstellen. Je weiter wir von evolutionär wichtigen Momenten entfernt sind, desto breiter ist unser Spektrum an Verhaltensmöglichkeiten. Je näher wir zu überlebenswichtigen Momenten kommen, desto schmäler wird unser Repertoire, bis hin zum kompletten Ausschalten des Verstands. In diesen Momenten müssen wir dann »funktionieren« – bloß, dass sich die Umstände geändert haben. Das ist unser Problem heutzutage.

Das Gehirn ist kein Universalcomputer

Unser Gehirn ist zu fantastischen Leistungen fähig und doch ist es kein Universalcomputer. Je nach Anforderungen der letzten paar Millionen Jahre ist es besser oder schlechter imstande, Probleme zu erkennen und zu lösen. Was kann es wirklich gut? Alles, was es zum Überleben braucht: Nahrungserwerb, Gefahrenvermeidung, den Bruch sozialer Regeln erkennen, zwischen Kampf und Flucht entscheiden, Eifersucht erzeugen, Liebe induzieren hervorrufen, …

Die größte Challenge für uns Menschen ist von jeher der Mitmensch. Einerseits die komplett fremde Sippe, womöglich eine fremde Art, andererseits die Mitglieder der eigenen Sippe. Mit den Fremden wurde immer schon Krieg geführt. Die Angst, die meist stärker als die Neugier ist, kippte dann in Aggression. Innerhalb der Sippe wird nicht Krieg geführt, aber man kann einander trotzdem das Leben zur Hölle machen. Fragen Sie einmal einen Psychotherapeuten nach den Problemen seiner Klientinnen und Klienten …

Es ist nachgerade eine Kunst, innerhalb einer wachsenden Gruppe zu bestehen, ein friedliches Leben zu führen und diese Liebe weiterzugeben. Um in diesem Umfeld bestehen zu können, gab uns die Evolution die Sprache. Erst die Sprache hat es uns ermöglicht, Erfahrungen anderer mitgeteilt zu bekommen – ohne sie selbst erleben zu müssen. Die Vorhersagbarkeit zum Verhalten der Mitmenschen wurde somit tradierbar, Klatsch und Tratsch wurden überlebenswichtig. Dieses intensive Sozialleben wurde zur Triebkraft unserer Evolution. Es zeigte sich, dass das Nett-Sein eine erfolgreiche Strategie sein kann und dass Kooperation, auch mit Fremden, eine gewinnbringende Vorgehensweise des Miteinander sein kann.

Der Aufbau und Erhalt ständig neuer Beziehungen zu Mitmenschen ist unsere Challenge. Wir übertragen dieses Verhalten sogar auf Unbelebtes wie Autos, Philosophien, Religionen, Nationen und Marken. So fühlen sich Harley-Davidson-Fahrer untereinander, auch wenn sie sich fremd sind, verbunden. Sie laden einander auf ein Bier ein und zeigen sich in vielen Lebensbereichen solidarisch – und das nur wegen einer Marke! Andere wiederum jagen Fans einer anderen Fußballmannschaft um ein Stadion, um sie zu verprügeln, oder verbrüdern sich mit Unbekannten, die ebenso Fans vom selben Verein sind.

So funktioniert unser Steinzeitgehirn in moderner Umgebung, begonnen durch Arbeitsteilung innerhalb zu großer Ansiedlungen: Das brachte uns Schutz, gesicherten Nahrungserwerb und Informationsvorsprung. Wir entwickelten neue Regeln, etablierten Rituale, schufen Werte und gestalteten erste staatliche Autoritäten, welche die Gemeinschaft zusammenhalten sollten. Und wir schlucken die Nachteile: Ausbeutung durch Autoritäten, Unterdrückung durch andere Gruppen, Hygiene- und Gesundheitsprobleme durch zu viele Menschen auf zu engem Raum, und natürlich Umweltprobleme, die unsere Ernährung gefährden können – und meist genau darin begründet sind.

Die Evolution von uns Menschen ist nicht abgeschlossen, wir gestalten die Welt aktiv. Nur die Einsichten in unsere alten wie aktuellen Verhaltensweisen sichern uns die Zukunft. Und dazu gibt es die Verhaltensforschung.

Die vier Fragen der Verhaltensforschung

Gemeinsam mit Karl von Frisch und Konrad Lorenz erhielt Niko Tinbergen 1973 den »Nobelpreis für Physiologie oder Medizin«. Sie bekamen ihn »für ihre Entdeckungen zur Organisation und Auslösung von individuellen und sozialen Verhaltensmustern« – retrospektiv für die Etablierung einer neuen Forschungsrichtung, der Verhaltensbiologie. Nikolaas Tinbergen brachte mit seinen vier Fragen zum Verhalten der Lebewesen Ordnung in die Denkweise der noch jungen Wissenschaft. Diese vier Fragen haben heute noch Gültigkeit und deren Beantwortung sollte eine Verhaltensweise gesamtheitlich darstellen. Hier die Fragen:

1. Wie funktioniert Verhalten auf der chemischen, physiologischen, neuroethologischen, psychischen und sozialen Ebene? (Frage nach den unmittelbaren Verursachungen)

2. Wie entwickelt sich Verhalten, wie verändert sich Verhalten im Verlauf des individuellen Lebens durch innere Programmschritte und Umwelteinflüsse? (Frage nach der Ontogenese)

3. Wozu sind die einzelnen Verhaltensweisen dem Individuum nützlich? (Frage nach dem Anpassungswert)

4. Welche Mechanismen haben dazu geführt, dass sich ein bestimmtes Verhalten im Laufe der Phylogenese (Frage nach der Stammesgeschichte) entwickelt hat? Warum sind einzelne Merkmale stammesgeschichtlich so-und-nicht-anders geworden?

Untersuchen wir kurz gemeinsam ein Verhaltensmuster, zum Beispiel das »tödliche gegen einen Baum Fahren am Weg in die Diskothek« bei jungen Männern.

- Die unmittelbaren Ursachen: zu viel Alkohol, zu viel Testosteron, hoher sozialer Druck, ...

- Mit Einsetzen der Pubertät verändert sich die Zusammensetzung der Hormone. Ein erstmals höherer Testosteronlevel begünstigt riskantere Verhaltensmuster.
- Der Nutzen von offensichtlich riskantem Verhalten liegt im Ansehen seiner ihm nahestehenden Mitmenschen. Der Risikoeigner gewinnt an Rang und infolge an Attraktivität am Partnermarkt. »Wenn der Edi es tatsächlich um zwei Sekunden schneller vom »Karibik« ins »Baby'O« schafft als der Kevin, ist er schon ein verdammt cooler Kerl ...«
- Das zwischen Vater und Mutter unterschiedlich hohe Investment in Nachkommen (vor, bei und nach der Geburt) führt evolutionär dazu, dass Frauen, die ja die höheren Kosten bezüglich des Nachwuches tragen, sehr kritisch in ihrer Partnerwahl sein müssen. Sie wählen aktiv den Partner aus, während die potentiellen Partner ihre Eignung, Fitness und Attraktivität im Wettbewerb darstellen müssen. Hoher Rang und Status sind wichtige Eigenschaften, um bei Frauen als attraktiver Partner gelten zu können. Dies erklärt testosteron-gesteuertes, riskantes Verhalten, um in Rang und Ansehen aufzusteigen.

Das ist ein flotter, zugegeben oberflächlich gestalteter Versuch, ein Verhalten anhand von Niko Tinbergens vier Fragen zu beleuchten. Zwei unmittelbare Gründe (Alkohol, Testosteron, ...) und zwei evolutionär relevante Gründe (Ansehen, Partnermarkt) skizzieren ein Bild dieses Verhaltens.

Würde man jetzt untersuchen, warum es Führungskräfte gibt, die scheinbar nur herumschreien können, müsste man die Forschung ähnlich anlegen:
- Was tut sich chemisch-physiologisch beim Chef?
- Hat dieser Mensch auch schon früher herumgebrüllt, als er noch nicht Chef war?
- Wie nützt ihm dieses Verhalten?

- Wie waren Menschen in der Steinzeit organisiert, dass sich dieses Verhaltensmuster bis heute am Leben halten konnte?

In diesem Buch wird besonders der vierten Frage viel Raum gegeben. Denn deren Beantwortung bringt meines Erachtens das meiste Licht der Erkenntnis ins Dunkel der Vermutungen.

15 MILLIONEN JAHRE SIND GANZ SCHÖN LANG ...

15 Millionen Jahre – so lange dauerte die Entwicklung der Hominiden, an deren Ende, vor rund zwei Millionen Jahren, erst der Homo habilis, der geschickte Mensch, dann der Homo erectus, der aufrechte Mensch, durch die Graslandschaften der locker mit Bäumen durchsetzten Savanne stapfte. Was wohl aus uns einmal werde würde, könnte er damals gedacht haben. Ob er schon eine Vorstellung von PowerPoint-Präsentationen, 360-Grad-Feebacks und Balanced Scorecards hatte? Ich wage es zu bezweifeln. Und selbst wenn, ob er sich darauf gefreut hätte?

Homo erectus: aufrecht, mit freien Händen im Feuer spielend

Der gute Homo erectus brauchte die Hände und Arme nicht mehr zum Gehen, er hatte sie frei. Und was wir mit Armen und Händen so alles anstellen können, wenn wir Zeit haben, brauchen wir nur einmal eine Pianistin oder einen Bildhauer zu fragen. Und was wir mit den frei gewordenen Fingern alles spüren, fühlen und ertasten können, können wir uns von blinden Menschen darstellen lassen. Mit den freigewordenen Händen begannen die Menschen Werkzeuge aus Steinen herauszuklopfen, Waffen zu schnitzen und Fallen zu bauen. Die frei gewordenen Hände verschoben natürlich auch den kreativen Horizont: Auf einmal wurde viel mehr vorstellbar, da der Mensch ein neues Multifunktionswerkzeug zur Verfügung hatte – und das in doppelter Ausführung!

Mit den freien Händen konnte der Mensch erstmals das Feuer beherrschen! Die Beherrschung des Feuers war womöglich der wichtigste Schritt für uns Menschen hinaus, an den Rand der Tierwelt. Ähnlich wichtig scheint mir nur die Entwicklung des Smartphones ;-) Nur wir Menschen haben die Gabe, Feuer aktiv zu nutzen, zu pflegen und auch den einen oder anderen Brand zu legen. Wer Feuer hat, braucht sich vor den großen Raubkatzen in der Savanne nicht mehr zu fürchten. Jahrtausendelang mussten die Hominiden mit Todesangst in die Nachtruhe gleiten, immer in Sorge, als Mitternachtssnack einer Raubkatze zu enden. Das morgendliche Durchzählen muss jedes Mal entsetzlich gewesen sein. Erst das Feuer verschaffte den Menschen damals ein wenig Sicherheit. Was muss das für ein kollektives Aufatmen zwischen Tansania und Äthiopien gewesen sein.

Mit Feuer ausgestattet, kann man seine Beute erstmals grillen und so das Fleisch der erlegten Tiere oder des Aases leichter verdaubar machen. Es schmeckte dank der Röstaromen besser und ließ sich zusätzlich vom Körper leichter aufschließen. Und wer nicht mehr im Besitz aller Zähne war, war nun nicht mehr benachteiligt – gegartes Fleisch ist weicher als rohes. Das Feuer machte das Leben sicherer, satter und wärmer. Wer kennt nicht die wohlige Wärme eines Lagerfeuers, wenn es in der Nacht kalt wird? Kaum konnte der Mensch das Feuer transportieren oder willentlich eines entzünden, konnte er sich schon auf den Weg machen und nach neuen Gefilden jenseits von Afrika Ausschau halten. Der Mensch war erstmals imstande, Afrika zu verlassen und langsam in Regionen weiterzuziehen, die klimatisch deutlich kälter waren.

In Summe hat die Feuerkontrolle ganz einfach die Überlebenswahrscheinlichkeit des Homo erectus signifikant erhöht. So würde das wohl ein Statistiker formulieren.

Homo sapiens, eine Übertreibung

Mit der Beherrschung des Feuers trat vor rund 200.000 Jahren der nächste, noch weiter entwickelte Mensch auf die Bühne des Planeten: der Homo sapiens, der weise Mensch. Mit ein wenig Fähigkeit zur Selbstreflexion wissen wir heute, dass das schmückende Beiwort »sapiens« wohl einer Übertreibung des Namensgebers Carl von Linné zu Grunde liegt. Homo sapiens, das sind wir. Das behaupten wir zumindest von uns.

Wir gingen damals auf die Jagd und sammelten Essbares vom Boden und Bäumen. Keine Umweltschützer stellten sich einem in den Weg, der Verein gegen Tierfabriken war noch nicht gegründet, Greenpeace erst im Entstehen. Doch der Trend hin zum Ackerbau, hin zur ortsgebundenen Lebensweise, war nicht mehr aufzuhalten. Wir wurden sesshaft. Statt Tiere zu jagen und zu töten, domestizierten wir diese und molken sie. Ackerbau und Viehzucht beschleunigten in den Gesellschaften ein arbeitsteiliges System. Wahrscheinlich gab es schon damals einen regelmäßigen Jour fixe zum Thema Effizienz in der Kleingruppe, wurden Sesselkreise einberufen und Blitzlichtrunden abgefragt. Wer den Faustkeil in der Hand hielt, durfte sprechen. Das alles ist gar nicht so lange her, vielleicht 7.000 Jahre. Die Sprache hatten wir da längst erfunden. Ohne die Sprache wäre diese plötzlich rasant einsetzende Entwicklung nicht möglich gewesen.

Man schätzt, dass die Sprache rund 40.000 bis 70.000 Jahre alt ist.

Freie Hände, Feuer und Sprache waren die Raketen, welche den Menschen raus aus der Savanne und rein in die Seminarräume geschossen haben. Sie waren der Brandbeschleuniger unserer Evolution.

Warum wir sind, wie wir sind – wie Evolution funktioniert

Die Sache ist die: Wir Menschen haben zwar die Savanne verlassen, aber die Savanne hat unsere Köpfe nicht verlassen. Sie steckt noch immer tief in uns und möchte ständig zur Geltung kommen. Oft ist es sinnvoll und gut, sie zu unterdrücken, es gibt aber sehr oft ausreichend Anlass, auf die persönliche Savanne zu hören. Wer das nicht glaubt, soll einmal kurz überlegen, wie und in welcher Zeit wir zu dem geworden sind, was wir heute darstellen.

Unser Denken, unsere Emotionen und unser Verhalten wurden über 15 Millionen Jahre hinweg durch die Evolution geformt. Sie wurden den zu dieser Zeit herrschenden Umständen entsprechend ausgeformt. Man könnte keck behaupten, dass wir, die heutigen Menschen, perfekt für ein Leben in der Savanne, umgeben von Raubtieren, in entsetzlicher Hitze, unter hohem Parasitendruck und mit wenig sauberem Trinkwasser ausgestattet, angepasst sind. Diese Trumpfkarte sollten wir doch eigentlich ausspielen können, oder? Weil es aber in der Savanne nur mäßig gemütlich war, holen wir moderne Menschen uns die Savanne in die Städte, bauen Zoos und bewundern die Tierwelt aus sicherer Distanz hinter der Absperrung. Da sage noch jemand, die Evolution wäre humorfreie Zone …

Seit Charles Darwins Abhandlung »Die Abstammung

des Menschen und die geschlechtliche Zuchtwahl« vom 24. 2. 1871 wissen wir, dass wir Affen sind – Affen, die sich ganz gut weiterentwickelt haben. Das hat der Kirche damals zwar nicht gefallen, mittlerweile hat sie Darwins Evolutionstheorie jedoch akzeptiert. Im Grunde ersetzt die Kirche den Begriff »Zufall« durch »göttliche Fügung« und kommt dann ganz gut mit der Evolutionstheorie klar. Nach aktuellem wissenschaftlichem Stand teilen wir Menschen uns mit den Bonobos und Schimpansen vermutlich einen gemeinsamen Vorfahren. Den hat noch keiner entdeckt, gesprochen wird daher vom Missing Link unserer Evolution.

Um zu verstehen, warum wir so sind, wie wir sind, muss man eine Idee zur Evolution selbst haben. Das ist nicht weiter kompliziert: Durch Zufall oder göttliche Fügung entsteht bei einem Lebewesen eine neue Eigenschaft. Das passiert in der Regel kurz nach der Befruchtung einer Eizelle durch eine Samenzelle, also so ziemlich am Anfang eines individuellen Lebens. In diesen Momenten kann Neues entstehen. So, und nun schlüpft das neue Leben aus dem Ei oder aus seiner Mutter und konfrontiert seine Umgebung mit dieser neuen Eigenschaft, zum Beispiel eine Beckenstellung, die ein Stehen und Gehen auf zwei Beinen deutlich leichter macht. Hilft die neue Eigenschaft dem Lebewesen, seine täglichen Herausforderungen besser zu bewältigen, so hat das Lebewesen gegenüber jenen Kollegen, die diese Eigenschaft nicht teilen, einen Vorteil. Ist die neue Eigenschaft für das Lebewesen so sehr von Vorteil, dass es dadurch beim anderen Geschlecht besser ankommt als der Mitbewerb (coolere Moves auf der Tanzfläche), so wird sich die Eigenschaft durch immer mehr Nachkommen über Generationen hinweg in der Population durchsetzen. Ist die Eigenschaft jedoch von Nachteil, so verschwindet sie meist gemeinsam mit ihrem Träger. Windows 10 ist hoffentlich so ein Fall, der bald von der Evolution hinfortgerafft wird.

Der Altweltaffe zum Beispiel, der durch Zufall als Erster einen Daumen hatte, mit dem man gegen die Zeigefingerspitze drücken konnte, genannt Pinzettengriff, hatte gegenüber all den anderen Brüdern und Schwestern gewaltige Vorteile beim Werkzeuggebrauch, beim Lausen und beim Aufheben von Gegenständen. Diese Vorteile brachten diesem Altweltaffen viele, viele Nachkommen, deren Nachkommen wiederum ebenso mit opponierbarem Daumen viele, viele Nachkommen mit opponierbarem Daumen ... der opponierbare Daumen hat sich letztendlich in seiner Population durchgesetzt.

Es ist eine ausgesprochen sinnvolle Einrichtung der Natur, das, was sich bewährt, zu behalten. Nehmen wir an, ein Mensch kam mit einer komplett neuen Eigenschaft auf die Welt, nämlich die, sich keine Vorurteile zu bilden. Er sah zwar, wie eines Tages eines seiner Familienmitglieder von einem Säbelzahntiger verspeist wurde, trat jedoch dem nächsten Säbelzahntiger ohne jede Vorurteile und Misstrauen entgegen. Ein Druck, ein Schluck, und schon war dieser nette Mensch samt seiner neuen Eigenschaft verdaut und damit Geschichte. Diese neue Eigenschaft konnte sich nicht behaupten.

So funktioniert die Evolution mit der Kontrolle durch Selektion. Was nicht klappt, wird wegselektiert – was funktioniert, bekommt die Chance, sich zu vermehren. Im Großen und Ganzen ist nicht viel mehr dahinter.

Wir sind perfekt angepasst – an damals

All das, was wir heute an uns feststellen können, war einmal vor langer Zeit über einen langen Zeitraum hinweg für uns von großem Vorteil – oder zumindest nicht von gravierendem Nachteil. Wir sind also verdammt gut angepasst. Aber an welche Umgebung? Unsere Hände können gut greifen, unsere Beine gut laufen und die Augen gut bei Tag sehen. Wir spüren mit unseren Fingerspitzen feinste Oberflächenveränderungen und die Fingernägel helfen uns dabei, Parasiten aus den Haaren oder Schiefer/Splitter aus der Haut zu ziehen. Und genauso, wie sich die Hand entsprechend den Bedürfnissen des Greifens entwickelt hat, hat sich auch unser Hirn den Bedürfnissen entsprechend entwickelt. Wir ticken heute so, wie es einmal für uns von Vorteil war. Jene, die anders ticken, haben es in der Regel aus unterschiedlichsten Gründen schwer. Lebewesen, und so auch wir Menschen, sind quasi das Dia-Negativ zum Dia-Positiv unserer Umgebung. Wir sind der Schlüssel zu einem Schloss, das sich stets verändert. In diesem Buch ist das Schloss die Business-Umgebung – mal sehen, ob wir passen!

Um weiterhin in unser Schloss zu passen, müssen wir Schlüssel uns ständig verändern. Das schafft die sexuelle Fortpflanzung, da bei jeder Zeugung die Gene gut durchmischt werden. Wir setzen ständig leicht veränderte Schlüssel in die Welt, in der Hoffnung, dass diese zum Schloss passen.

Wir haben nun größtenteils die Savanne verlassen, statt einander zu lausen oder zu »groomen« (Biologensprache), schicken wir WhatsApps, und die gemeinsame Jagd wurde von Unternehmensstrukturen abgelöst. Denn nichts währt für immer. Die Umgebung ändert sich schön langsam – und wir hoppeln in der Anpassung daran hinterher. Deswegen sind wir nie perfekt, sondern stets nur knapp dran an der perfekten Anpassung, immer einen Schritt hinten nach. Wir

Evolutionsbiologen nennen das die Red-Queen-Hypothese, aus Lewis Carrolls Werk »Alice im Wunderland«. In diesem erklärt eine Rote Königin dem Mädchen Alice, dass sie so schnell wie möglich laufen müsse, um am gleichen Fleck zu bleiben. Wie bei der Evolution. Da bleiben wir zwar nicht am Fleck, aber immer hinten nach.

So, und jetzt haben wir den Salat: Über einen Zeitraum von rund fünfzehn Millionen Jahren waren die Umgebungen für uns Menschen relativ konstant. Erst die Steppen und Savannen Ostafrikas, dann für die Neugierigen und Auswanderwilligen die kalten Regionen Europas und die tropisch-feuchten Gebiete Ostasiens. Gibt man den Menschen ausreichend Zeit, können sie sich mit den Umständen ganz gut arrangieren. Und diese Zeit hatten sie.

Aber irgendwann ist die Entwicklung förmlich explodiert. Was über Millionen Jahre hinweg schön vorsichtig geschah und halbwegs konstant geblieben ist, ging dann ab wie eine Rakete. Woran das lag?

Wir hatten die Sprache entwickelt! Und wir hatten begonnen, die Umgebung an uns anzupassen – nicht mehr zu warten, bis der Zufall uns Vorteile verschafft. Großer Unterschied, bedeutsamer Unterschied!

Füße, die für das Barfuß-Laufen auf sämtlichen Untergründen gebaut sind, wurden auf einmal auf Sohlen gestellt. Nackte Körper hüllten sich in Kleidung. Aus Höhlen wurden Hochhäuser, aus primitiven Speeren moderne Schusswaffen, aus sauren Wildäpfeln zuckersüße Zuchtäpfel samt Copyright. Böden werden festgestampft, Flüsse werden umgeleitet, Sümpfe trockengelegt und Wildtiere wie Rinder, Hühner, Wölfe und Wildkatzen sukzessive domestiziert. Wir sitzen auf Stühlen bei Tisch und nicht mehr am Boden vor dem Lagerfeuer. Wir garen das Fleisch vor dem Essen und bearbeiten Getreide so, dass es für unseren Körper gut verwertbar ist.

Wir richten uns die Welt, wie wir sie brauchen. Das hat

schon Pipi Langstrumpf gesungen: »Ich mach mir die Welt, widewide wie sie mir gefällt ...!« Und das geht einzig und allein deshalb, weil unser Gehirn durch Evolution dazu befähigt wurde. Doch der Körper, in dem das Gehirn steckt, ist mehr oder weniger noch immer der alte. Zwar deutlich gewachsen und viel schwerer (das liegt an der besseren Ernährung) – aber in seiner Grundfunktionsweise und seiner Form entspricht unser Körper jenem unserer Vorfahren. Und auch unser Gehirn entspricht noch den Anforderungen dieser Millionen Jahre andauernden Zeit. Gerade wenn wir emotional werden, wenn die Emotionen unser Verhalten intensiv verändern, spüren wir den Hauch vergangener Zeiten. Denn besonders die Emotionen waren uns damals in der Savanne hilfreich, waren ein echter Fortschritt. Heute hingegen sind wir rund um die Uhr damit beschäftigt, die Ratio gegenüber den Emotionen siegen zu lassen, vernünftige Entscheidungen zu treffen. In Summe kann man sagen: Wir sind für damals gemacht – und nicht für heute.

Machen wir ein kleines Gedankenexperiment: Wenn wir die Zeit unserer Menschwerdung hin zum aktuellen Menschen in Relation zu einem heutigen Leben setzen, so hat ein heute fünfzigjähriger Mensch fünfzig Jahre ausschließlich in der Savanne verbracht und sich in dieser Zeit gut an dieses Leben angepasst. In seinem Familienverband war er gut integriert, man wohnte in einer Art Höhle, gemeinsam hat man nach Wurzeln gegraben, Insektenlarven gesammelt und hin und wieder ein Wildtier erlegt. Selbst war man natürlich auch auf den Speisekarten der Raubtiere – man wechselte also zwischen jagen und gejagt werden. Sprechen konnte man noch nicht miteinander, aber man verstand einander trotzdem. So rund um den 48. Geburtstag wurde das Leben ein wenig angenehmer, da hatte die Familie auf einmal eine Feuerstelle, musste nicht mehr in der Nacht frieren, Angst vor Raubtieren haben und konnte das Fleisch garen – wodurch es auch verdaubarer wurde. Zwei schöne

Jahre in der Wildnis folgten. So, und jetzt, zum 50. Geburtstag, bekommt der Mensch die Sprache geschenkt und wird einen Tag später raus aus der Savanne und hinein in einen Seminarraum katapultiert! Nach fünfzig Jahren Überleben in der Savanne sitzt dieser Mensch nun bekleidet statt nackt in einem Vorstandsmeeting, hält Präsentationen und kämpft mit dem Controller um ein höheres Marketingbudget ...

Dass seine Sinne, sein Körper, all seine Fähigkeiten jedoch für ein Leben in der Savanne ausgerichtet sind, wird an noch sehr vielen Verhaltensweisen erlebbar. Da schützt der beste Anzug nicht davor.

Und genau damit setzen sich moderne Wissenschaften wie die Evolutionspsychologie oder Verhaltensforschung auseinander. Erst wenn wir verstehen, unter welchen Bedingungen und zu welchem Zweck wir uns so entwickelt haben, können wir heute darauf Rücksicht nehmen und daraus Lehren ziehen. Erst wenn wir verstehen, wie das Konzept Mensch geplant und beschaffen ist, können wir damit umgehen lernen. Das gilt natürlich auch für die neue Umgebung Seminarraum, Konferenzzimmer, Veranstaltungshalle. Und gerade dort spüren sehr viele meiner Kunden etwas, das für mich Verhaltensbiologen nicht überraschend ist: die Nervosität, vor Mitmenschen performen zu müssen.

Als Verhaltensforscher betrachte ich ein Unternehmen als Freigehege. Die Lebewesen darin können sich mehr oder weniger frei bewegen, die Aktionsradien sind klar abgesteckt und die Hierarchien beeinflussen das Verhalten. Dieses alltägliche Verhalten, vom »Guten Morgen« in der Früh zum Kollegen hin zum Anschiss durch den Chef am Nachmittag und weiter zur Weihnachtsfeier der Abteilung samt Rede und Flirt, betrachte ich mit den Augen eines Verhaltensforschers und erkläre es aus dem Blickwinkel eines Evolutionsbiologen.

WIE WIR TICKEN ...

Macht, Einfluss, Sicherheit –
was ist uns wichtig?

»Nach Golde drängt, am Golde hängt doch alles«, wusste schon Johann Wolfgang von Goethe und ließ dies Margarete, angesichts des von Mephisto ins Zimmer geschmuggelten Schmucks, reimen. Aber warum ist das so? Warum wollen die Menschen immer mehr vom immer Besseren?

Wir Evolutionsbiologen sehen im Streben nach Reichtum ein prinzipielles Streben nach besserem Ressourcenzugang. Um welche Ressourcen kann es sich in der Savanne gehandelt haben? An erste Stelle stand und steht immer noch die Nahrung. Wer den besseren Zugang zu höherwertiger Nahrung hat, lebt vermutlich länger und gesünder. Eine weitere Ressource ist die Möglichkeit, sich fortzupflanzen. Wer den besseren Zugang zum anderen Geschlecht hat, hat einen höheren Fortpflanzungserfolg.

Bei Schimpansen ist es ganz selbstverständlich, dass das Alphatier als Erster an das Futter und dass das Alphatier auch als Erster oder auch Einziger an die Weibchen herandarf. Löwenmännchen sehen das nicht anders, beteiligen sich jedoch nicht einmal mehr an der Jagd.

Um einen wesentlichen Antreiber des speziell männli-

chen Verhaltens zu verstehen, hilft es, den Begriff des sozioökonomischen Status zu erklären. Mit diesem Begriff wird
der Status eines Menschen innerhalb seiner Gesellschaft beschrieben. Die dazu relevanten Merkmale (Einkommen, Besitz, Macht, Ansehen des Berufs, ...) werden gebündelt und
aufgerechnet. So hat zum Beispiel ein Chirurg trotz seines
kleineren Einkommens einen höheren sozioökonomischen
Status als ein Börsenspekulant, der in der Regel weniger Ansehen genießt, obwohl er mehr verdient als ein Chirurg.

Prinzipiell ist Status für Menschen aus einem ganz sim-
plen Grund attraktiv: Status ermöglicht einen einfacheren
Zugang zu Ressourcen, welcher Art diese auch sein mögen:
Geld, Informationen, Mitmenschen – und in weiterer Folge
Macht, Einfluss, Sicherheit, Gesundheit und gesunde Nach-
kommen.

Der sozioökonomische Status ist in der Regel gut sichtbar. Wer ihn hat, zeigt ihn auch gerne. Dazu verwenden die
Menschen Statussymbole. Dass man über Statussymbolik
seine Mitmenschen täuschen kann, liegt leider in der Natur
der Sache.

Wer oben ist, muss das auch zeigen

Trivial, aber allgegenwärtig: Wer ganz oben ist, muss das
auch zeigen. Wer hat den leichtesten Laptop im Unternehmen? Wer hat stets das modernste Mobiltelefon mit dem
größten Display in der Agentur? Wer hat den Parkplatz am
Eingang samt Reserviert-Schild, gut sichtbar für alle anderen Mitarbeiter? Wer fährt das imposanteste Auto? Wer
trägt den teuersten Anzug, schreibt mit der exklusivsten
Feder und holt seine Visitenkarten aus einem Silberetui?

Wessen Schreibtisch ist größer, massiver, holziger? Wer hat den größten Bildschirm darauf stehen, wenn nicht gleich zwei? Wer hat die eigene Toilette?

Der Portier sicher nicht.

Spannend ist zu erleben, wie wichtig Mitarbeitern diese Statussymbole sind. Gehälter sind oft diskret, aber die Gadgets, die Symbole des Status, die müssen stimmen. Um diese herrscht in Unternehmen häufig Krieg. Wenn ein Mitarbeiter meint, sein Dienstauto, sein Mobiltelefon und sein Notebook würden nicht seinem Rang entsprechen, wird er so lange lästig sein, bis er bekommt, wovon er meint, dass es ihm zustünde. Natürlich können Führungskräfte, die ihre Hände auf diesen Ressourcen haben, damit gezielt steuern. Wer bekommt das Leckerli, das er dann sichtbar für alle durch das Unternehmen führt? Wer bekommt beim Abteilungsgeburtstag nur eine Schachtel Gute-Laune-Tee und wer eine Flasche raren Single Malts? Die meisten Auseinandersetzungen in Unternehmen fußen auf Neid und dem Gefühl, nicht ausreichend und für die Kollegen gut sichtbar »geschätzt« zu werden.

Der absolute Wahnsinn bricht aus, wenn ein Unternehmen übersiedelt und die neuen Räume und Arbeitsplätze vergeben werden. Diese Momente des Chaos sind für Niederrangige willkommene Möglichkeiten, schnell einen besseren Platz als zuvor zu erhaschen. Und für eingesessene Hochrangige ist es oft mühsam, darauf aufmerksam machen zu müssen, dass der gute Arbeitsplatz im Raum eigentlich ihm zustünde. Mit welchem Recht – diese Frage steht dann im Raum und jeder ziert sich, sie zu beantworten.

Der Kampf um Ressourcen findet allgegenwärtig statt. Das Problem daran ist, dass er selbst Ressourcen kostet. Wer viel in den Kampf um Statussymbole investiert, hat nicht mehr ausreichend Kraft oder Zeit, seine eigentliche Arbeit gut zu erledigen. Aus diesem Grund gibt es in großen Unternehmen verschriftlichte Anweisungen, wer auf welcher

Unternehmensebene welche Statussymbole bekommt – das spart in Summe Kraft, Zeit und Nerven.

Die Studie »Walking fast – Ranking high« von Schmitt & Atzwanger aus dem Jahr 2008 zeigte ganz wunderbar, dass Männer ihren Status zum Beispiel mittels ihrer Gehgeschwindigkeit zeigen. Je höher der Status eines Mannes, desto schneller geht er. Jene jedoch, die ganz oben stehen, können es sich schon wieder leisten, betont langsam zu gehen. Sich leisten?

Was man sich so leisten kann

Um das zu verstehen, möchte ich Ihnen kurz das Handicap-Prinzip von Amotz und Avishag Zahavi vorstellen:

Das Handicap-Prinzip beantwortet ganz spezielle Fragen:

- »Wieso haben männliche Pfaue so große Schwanzfedern, die beim Fliegen und Flüchten hinderlich sind?«
- »Warum ist jener Hirsch der Chef in seiner Gruppe, der das größte Geweih trägt – wo es ihm doch bei einer etwaigen Flucht durch den Wald hinderlich ist?«
- »Warum werden so viele Ressourcen für den Außenauftritt des Unternehmens verwendet?«
- »Warum werden Kunden und Lieferanten immer in die besten Restaurants eingeladen und bekommen so extrem hochwertige Weihnachtsgeschenke?«
- »Warum ist das sichtbare Vergeuden und Verschwenden ein Privileg der Privilegierten?«

Die Antworten darauf kommen von den Zahavis. Sie erklären, dass jene Individuen, die trotz eines sichtbaren Handicaps am Körper es geschafft haben, die Nummer eins zu sein, es sich eben leisten können, dieses Handicap zu tragen. Wer es schafft, sich trotz Handicaps gegen alle anderen Mitstreiter durchzusetzen, ist die absolute Nummer eins und kommt bei jenen Ressourcen als Erster bei deren Verteilung dran, für die er diesen Aufwand betreibt: In der Regel geht es um die Gunst der Weibchen. Wer es schafft, für spezielle Signale so viel Energie und Ressourcen aufzuwenden und trotzdem gegenüber anderen zu bestehen, der hat den maximalen Status unter den Individuen. Die Zahavis argumentieren, dass Signale, die eine so große Menge an Ressourcen verschlingen, nicht gefälscht werden können. Es seien stets echte Signale – nur jenen vorbehalten, die diese Investition auch stemmen können.

In der restlichen Tierwelt stimmt dies sicherlich, bei uns Menschen bin ich mir als Verhaltensbeobachter nicht so sicher.

Von Blendern und Könnern

Es sind die Blender, die es immer wieder schaffen, durch geschickten Einsatz von teuren Handicap-Signalen (teure Gadgets, exklusive Füllfeder, teures Auto, gute Manieren, …) Eindruck zu schinden, sich dadurch eine »not appropriate«-Position zu erhaschen – und sich nach zwei für das Unternehmen teuren Jahren wieder davonzumachen und ein neues Arbeitgeberopfer zu finden.

Nach über 15 Jahren Medientrainings und Kommunikationsberatung habe ich für diese Herren einen gewissen Riecher entwickelt: beste Anzüge, sportliche Erscheinung, gut gebräunt, perfektes Gebiss und sehr, sehr entspannt. Das kommt meist von den exklusiven Hobbys und Freizeitaktivitäten an ganz speziellen Orten. »Waren Sie schon einmal bei der Olivenernte in Istrien …? Da müssen Sie einmal mitkommen!« Dazu beste Manieren (eine gute Erziehung ist zeitaufwändig, erfordert viel elterliches Investment und kostet mitunter viel Geld), freundliche Zurückhaltung, immer wieder ein wenig Namedropping und hart am Bullshit-Bingo … überall mitreden können – einfach ein sympathischer Auftritt, der, und da liegt die Crux, Kompetenz vermuten lässt. Es mag ja durchaus Kompetenz dahinterstecken, aber es muss nicht! Zu oft ist die Hülle nur eine schillernde Geschenkverpackung und der Inhalt kann mit der verheißungsvollen Verpackung nicht mithalten.

Weiters augenscheinlich ist deren Umgang mit Zeit. Zeit scheint mir überhaupt ein Gut zu sein, das es in Fülle zu demonstrieren gilt. Denn wer geschickt und ohne sich anzupatzen einen Hummer zerlegen kann, wer ein niedriges Golfhandicap vorweisen kann, wer zu jedem Wein die besseren Jahrgänge kennt, die familiären Hintergründe aufklären kann, wer im Gespräch ständig fallen lässt, dass er in den letzten fünf Monaten in den zehn wichtigsten Metropolen der Welt unterwegs war, tja, der hat offensichtlich viel Zeit, die er nicht mit hartem Broterwerb verbringen muss. Er kann es sich leisten.

Die Signale des Vergeudens und des Verschwendens haben einen simplen Zweck: Sie sollen auf verborgene Qualitäten hinweisen – quasi einen Imagetransfer vom Schein hin zum Sein bahnen. Denn die meisten menschlichen Qualitäten sind von außen nicht zu erkennen, so auch berufliche Kompetenzen. Was nutzt schon ein ansprechender Lebenslauf? Das sind ebenso nur Hinweise auf die Möglichkeit der Kompetenzen/Qualitäten, nicht mehr. Signale des Vergeudens und Verschwendens (Zeit, Ressourcen) erzeugen in erster Linie Aufmerksamkeit (Hui!) und in zweiter Linie einen Glauben an verborgene Qualitäten. So nach dem Motto »Wer so auftritt, muss was können …«

Doch wer so kompetent ist, wie er sympathisch wirkt,

wechselt nicht alle zwei bis drei Jahre seinen Dienstgeber. Zu diesem Zeitpunkt hat aber die Verblendung längst gewirkt …

So ehrlich die Handicap-Signale bei den restlichen Tieren sind, so einfach sind sie bei uns vorzugaukeln. Doch es gibt auch echte Signale in unserer beruflichen Welt:

Und da sind wir wieder bei den Statushöchsten – sie zeigen, dass sie es sich bereits leisten können, so langsam wie eine Reinigungskraft zu gehen. Sie haben es bereits geschafft. Sie lassen die Limousine in ihrer Garage samt Chauffeur zurück und fahren mit einem klapprigen Rad in die Arbeit … so suggerierte es einst ein Werbespot für ein Luxusauto. Sie brauchen die Krawatte nicht mehr, verzichten auf den Anzug und können es sich leisten, freundlich und zuvorkommend zu sein. Auf die Frage, ob ihnen Macht wichtig ist, kommen Antworten wie: »Was bedeutet schon Macht …« Das kennt man auch von wirklich reichen Menschen, wenn man sie zur Bedeutung von Geld fragt.

Nicht mehr das Protzen und Klotzen mit Statussymbolen, sondern der bewusste Verzicht darauf wird zum Botschafter des Darüberstehens. Die Angeber und Wichtigtuer kämpfen noch auf der Karriereleiter, der wirklich Erfolgreiche hat dies längst hinter sich – und zeigt das deutlich.

Ich erinnere mich gerne an die Anekdote eines Freundes, der mir von einem wichtigen Akquisetermin, gemeinsam mit seinem Partner, erzählt hat. Beide sind Organisationsberater, er selbst war jung, ca. 35 Jahre alt, sein Partner hingegen ein alter Hase, der den Job nur noch der Freude wegen machte. Der Junge kam im Anzug mit Krawatte, sein pensionsberechtigter Partner hingegen kam knapp zu spät, trug obendrein Wanderkleidung und ein langes Kletterseil um den Oberkörper gewickelt. Er käme gerade von einer Outdoor-Übung mit seinen Studenten, man möge ihm die Kleidung nachsehen, auch die leichte Verspätung wäre entsprechend bedingt …

Mein Freund erzählte mir, dass das der wohl wirkungsvollste Auftritt war, den er erlebt hat. Authentisch, ehrlich … sein Partner hatte es einfach nicht mehr notwendig, sich irgendwelchen Gebräuchen zu unterwerfen oder zu fügen. Und die Ausstrahlung »ich muss nicht mehr, mache es aber gerne« fällt eindeutig ins Handicap-Schema.

Akquise erfolgreich.

Das an sich nützliche Prinzip weist auch unangenehme Seiten auf: In meinen Jahren als Medientrainer habe ich beobachten müssen, dass sich manche Trainingsteilnehmer bewusst des Handicap-Prinzips bedienen und dabei nicht wirklich gut wegkommen. Aber die Nachrede der anderen Teilnehmer war ihnen egal – sie konnten es sich leisten, sich um ihre Nachrede nicht kümmern zu müssen.

Da war der Eigentümer eines Transportunternehmens, sicherlich reich und zusätzlich Abgeordneter zum Nationalrat. Er hat stets einfach dann drauflosgesprochen, wenn ihm danach war. Ob gerade jemand anderer das Wort hatte, war ihm egal. Er hatte auch kein Problem damit, gut hörbar einzuschlafen und gerade aus dem Schlaf erwacht irgendeine Störaktion zu starten. Es war ihm einfach egal, wie sein Benehmen in der Gruppe und bei mir als Trainer ankam. Schamlosigkeit und schlechtes Benehmen sind die Kehrseiten des Handicap-Prinzips. Leider glauben viele, sich das leisten zu können.

Es ist widerwärtig, wenn man Menschen erlebt, die glauben ihrer Position, ihrer Funktion oder einfach ihres Reichtums wegen sich alles erlauben zu können. Arrogantes Verhalten, bestenfalls noch Ignoranz, brutales Niedermachen Schwächerer und das ständige Pflegen einer Aura, die Unverletzbarkeit und absolute Macht signalisieren soll, sind deren bestgepflegten Attitüden.

Mit Reichtum, Ansehen oder Macht umgehen zu können, erfordert Größe und Persönlichkeitsbildung. Wer das hat, ist imstande, Veränderungen zum Guten zu bewirken und dabei eine Gefolgschaft zu finden. Man spricht dann zu Recht von einer Führungskraft. Wem das fehlt, der wird erst durch seine Funktion Schaden anrichten und dann wegen seiner Person sein Alleinsein feststellen.

Also Vorsicht! Ohne die anderen klappt das Handicap-Prinzip nicht und wird zu einem bösen Bumerang.

ALLIANZEN: LASST UNS SPIELEN!

In der Natur geht es um das Überleben und das Sich-Fortpflanzen. Jeder sucht seinen Vorteil und profitiert auch davon, wenn andere dadurch Nachteile in Kauf nehmen müssen. Was ich esse, kannst du nicht mehr essen. Wo ich liege, kannst du nicht mehr liegen. Selbst auf der Ebene der Genetik sprechen wir von egoistischen Genen, die sich über Generationen hinweg gegenüber anderen Genen durchsetzen möchten. Ellbogen raus? Mitnichten. Denn die Frage, wie in einer solchen Gesellschaft oder Population überhaupt so etwas wie Kooperation oder Altruismus entstehen konnte, blieb lange unbeantwortet. Das ist aber nun vorüber, denn der US-amerikanische Wissenschaftler Robert Axelrod hat mit seinem bahnbrechenden Text zur Evolution von kooperativem Verhalten (1984) wesentlich dazu beigetragen, für alltägliches, zwischenmenschliches Verhalten Verständnis zu entwickeln. Verständnis, nicht Entschuldigungen! Axelrod hat mit Computermodellen gezeigt, dass sich die Strategie, mit Mitmenschen zu kooperieren, gegenüber jener Strategie, Mitmenschen zu betrügen, langfristig durchsetzt. Im evolutionären Kontext und möglichst vereinfachend: Jene Menschen, die, aus welchen Gründen auch immer, zu kooperativem Verhalten bereit waren, waren erfolgreicher als jene, die Betrug und Hintergehen als Verhaltensweise bevorzugten. So konnte sich mittelfristig die Kooperation bei uns Homo sapiens durchsetzen. Sie wurde zum Erfolgsmodell.

Kooperation kann so erfolgreich sein, dass man ihr sogar Grenzen setzen muss. Das nennt man Kartellamt. Preisabsprachen, eine klassische Kooperation, bedeuten offensichtlich für alle beteiligten Unternehmen große Vorteile – dies jedoch auf Kosten der Kunden. Es ist schon ein eigenartiges Prinzip der Wirtschaft, die auf Wachstum aufbaut, einander schaden zu müssen, um vor Dritten, den Kunden, als fair und marktbewusst auftreten zu können.

Innerhalb eines Unternehmens soll man also kooperieren, damit man als Unternehmen gegenüber anderen Unternehmen nicht kooperiert und im Wettkampf gewinnt. Dies erfordert schon sehr viel humane Selbstreflexion.

Tit-for-Tat – jetzt kooperiere doch endlich!

Axelrod gab sich nicht lange mit Feldforschung in der realen Welt ab. Er entwickelte ein Computerspiel, das die Evolution von Verhalten darstellen konnte. Er konnte die Spielregeln bestimmen und Akteure gegeneinander spielen lassen. Ihn interessierte die Interaktion dieser künstlichen Lebewesen innerhalb ihrer Population und zwischen den Populationen. Axelrod quälte folgende Frage: Wie konnte es dazu kommen, dass kooperatives Handeln entsteht, wo doch nichtkooperatives Handeln sehr oft als evolutionär einzig rationelle Lösung sinnvoll scheint?

Nehmen wir folgendes Gedankenexperiment, das dann auch zum Spiel wurde: Herr Schwarz hatte Hunger, aber nichts zu essen. Herr Weiss hatte Lebensmittel, aber kein Geld. Sie einigen sich auf einen Deal: Du gibst mir in einem Beutel 100 Euro, dafür gebe ich dir im selben Wert Lebensmittel, ebenso in einem Beutel. Die Frage lautet: Welche Strategie ist für die beiden Herren die gewinnbringendste?

Es müsste, rational betrachtet, die Betrugsstrategie sein: Ich übergebe nichts, nehme aber alles. Denken das beide, so haben beide nach dem Deal so viel/wenig wie zuvor. Herr Schwarz ist immer noch hungrig und Herr Weiß hat kein Geld. Und jetzt fängt das Spiel an: Wenn Herr Schwarz denkt, dass Herr Weiss denkt, dann müsste er … ja, was müsste er dann tun? Sollten sie die Beutel mit jeweils der Hälfte des Gegenwertes anfüllen? Sollten sie einander, wie vereinbart, alles geben? Was ist, wenn Herr Weiss alles gibt und Herr Schwarz nur die Hälfte? Und was ist, wenn die beiden einander nicht nur ein einziges Mal sehen, sondern wöchentlich zu diesem Deal treffen? Genau das wollte Axelrod mit seinem Computerspiel herausfinden, ließ dazu die besten Forscher unterschiedlichster Richtungen gegeneinander antreten und über 200 Züge hinweg Brot gegen Geld spielen:

Jeder konnte mit einem Zug kooperieren oder betrügen. Kooperierten beide, bekamen beide drei Punkte. Kooperierte einer und der andere betrog, bekam der Betrüger fünf Punkte und der andere null. Beide bekamen null, wenn beide betrogen.

Wie man sieht, scheint der Betrug die einträglichste Taktik zu sein. Aber wie programmierten die Forscher (Psychologen, Politologen, Mathematiker, Ökonomen, Verhaltensforscher, Soziologen, …) ihre Software? Auf jeden Fall musste jeder gegen jeden antreten, auch gegen sich selbst und gegen eine Software, die zufällige Spielzüge wählte.

Es gab natürlich Programme mit hochkomplexen Algorithmen dahinter, man überbot einander an tiefgründigen mathematischen Modellen – aber letztendlich hat sich ein simples Programm durchgesetzt, das einfacher kaum sein konnte:

Geschrieben hat es Anatoli Borissowitsch Rapoport, ein russisch-US-amerikanischer Biologe und Mathematiker, der zuvor in Wien und Chicago Musik studiert hatte und auch als Konzertpianist auftrat. Es heißt Tit-for-Tat und besagt nichts anderes, als dass man mit einem kooperativen Verhalten gegenüber seinem Mitspieler beginnt und ab dann die Reaktion des »Mitspielers« spiegelt. Nach einem freundlichen Angebot zur Kooperation erfolgt ein simples Wie-du-mir-so-ich-dir. Beginnt der andere, fängt man sofort mit dem Spiegeln dessen Eröffnungszuges an.

Nachdem sich Rapoports Tit-for-Tat in dieser ersten Runde durchgesetzt hatte, rief Axelrod zu einem noch größeren Wettbewerb auf. Über 62 Kandidaten aus sechs Ländern nahmen teil – und Tit-for-Tat blieb der Sieger. Die Kurzform von Tit-for-Tat: Sei erst nett und ab dann konsequent!

Axelrod setzte infolge in einem ähnlichen Spiel statt Punkte Nachkommen ein. Er wollte wissen, welche Taktik sich innerhalb einer Population durchsetzt: die Kooperation oder der Betrug. Zuerst nützten die Betrüger die schnellen und deutlichen Vorteile, die sie gegenüber den Kooperativen/Freundlichen hatten. Ihre Anzahl nahm in der Population rasch zu. Jedoch, und das ist spannend zu sehen, starben diese »bösen« Programme bald aus. Sie vernichteten ihre Spielgefährten/Handelspartner, entzogen sich damit aber auch die »Punktelieferanten«. Sie blieben gemeinsam mit ihren Opfern auf der Strecke. Je länger das Spiel dauerte, desto deutlicher setzten sich die erst dezimierten Netten nachhaltig durch. Sie übernahmen die Population. Je höher die Wahrscheinlichkeit für einen Netten war, auf einen anderen Netten zu treffen, desto mehr weitere Nette wurden in die Welt gesetzt.

Tit-for-Tat ist am Papier nicht zu besiegen, aber es ist auch nicht in Reinform in die hochkomplexe Welt unserer sozialen Interaktionen übertragbar. Aber es zeigt, woher der Wind des Erfolges im Miteinander weht.

Kooperation mit Grenzen, gerade in der IT, im Einkauf und der Akquise

Die Spielzüge, die Axelrod für erfolgreiches Verhalten im Miteinander vorschlägt, funktionieren nur unter gewissen Rahmenbedingungen. So gehört zum Beispiel dazugesagt, dass Tit-for-Tat nur dann erfolgreich ist, wenn kein Ende der Interaktion absehbar ist. Sobald das Ende einer Interaktion am Horizont auftaucht, kann das Abbrechen von kooperativem Verhalten durchaus zielführender sein:

- Denken Sie nur an politische Koalitionen. Je näher das nächste Wahldatum rückt, desto häufiger werden die Seitenhiebe auf den vermeintlichen Mitbewerber.

- Oder Lieferantenbeziehungen: Solange ein Unternehmer auf seinen Lieferanten angewiesen ist und dies in absehbarer Zeit so bleibt, solange wird er schön brav und zeitig seine Rechnungen begleichen. Endet diese Abhängigkeit aber demnächst, so braucht er sich nicht mehr als Musterauftraggeber inszenieren, er weiß ja schon über das kommende Ende der Zusammenarbeit Bescheid.

- Selbst innerhalb einer Abteilung sinkt die Bereitschaft, jenen Mitarbeiterinnen selbstlos zur Hand zu gehen, von denen man weiß, dass sie nur noch ihre letzten Wochen oder Tage hier mitarbeiten. Wozu jemandem Kooperation anbieten, wenn man möglicherweise davon nichts mehr haben wird ...?

- In der Bauindustrie wird das Beenden von Kooperationen perfektioniert: Hier machen sich Subunternehmer und Lieferanten den strategischen Vorteil über das nahende, selbstbestimmte Ende einer Kooperation zunutze und fahren nach kurzer Phase der Kooperation (Angebotslegung, erste passende Dienstleistungen) eine beinharte Betrugsstrategie, schicken ihr Unternehmen noch vor Ende der vereinbarten Zeit und überraschend für den Auftraggeber wie für die Mitarbeiter in Insolvenz. Das Unternehmen gibt es nicht mehr, vielen Dank für die Mitarbeit ...

Daraus ergibt sich zwingend, die Anzahl der wechselseitigen Beziehungen zwischen zwei Handelspartnern zu erhöhen! Das Wissen, den anderen noch öfter zu sehen und mit ihm öfter in Kontakt treten zu müssen, erhöht die Bereitschaft zur Kooperation. Auch das Vereinbaren von Ratenzahlungen, Rate gegen Teilleistung, erhöht die Wahrscheinlichkeit, die komplette Leistung konsumieren zu können.

Interessanterweise gibt es im Geschäftsleben auch einen Zwang zur Kooperation! Das Verlangen einer hohen Anzahlung, sei es für Waren oder Hotelnächtigungen, ist nichts anderes als das Einfordern einer Vorleistung und damit eines ersten Beweises der Kooperationsbereitschaft. »Beweise mir erst einmal, dass du mit mir wirklich willst, dann sehen wir weiter ...« Nichts anderes ist der Zwang zu Anzahlungen.

Auch bei der Akquise wird Tit-for-Tat gespielt: Oft ist die erste Beraterstunde bei einem Rechtsanwalt, Psychotherapeuten oder Coach unentgeltlich. Die Gratisleistung ist eine Einladung zur Kooperation mit dem Wunsch der Dauerhaftigkeit dahinter. Sämtliche Lockangebote wollen wie ausgestreckte Hände samt freundlichem Gesicht wirken. Die Absicht dahinter: die Kooperationsbereitschaft des prospektiven Mitspielers, gerne auch Kunde genannt.

Im Grunde ist es simpel: Wer etwas vom anderen will, sollte mit einem Signal der Kooperationsbereitschaft das Spiel eröffnen. Das führt mitunter zu Problemen. Denn wer das weiß, kann es natürlich für seine Absichten bewusst einsetzen.

Die IT-Branche hat ein Problem, an dem sie nicht vorbeikommt: den Menschen. Was nützen die raffiniertesten technischen Kunststücke an Soft- und Hardware, die der Systemsicherheit dienen sollen, wenn letztendlich irgendwo ein Mensch sitzt, dessen Software, nämlich sein Gehirn, nicht ebenso raffiniert programmiert ist? Mit Verlaub, wenig.

Die Rede ist von Social Engineering, das am besten mit »Manipulation der Mitmenschen« übersetzt wird. In den frühen 1980ern riefen solche Engineers einfach bei Telefongesellschaften an, gaben sich als Systemadministratoren aus und kamen so ganz leicht an die notwendigen Passwörter heran, um zum Beispiel gratis zu surfen.

Später kamen die Phishing-Emails auf. Unter Vorspiegelung falscher Tatsachen gelangten so die »Bösen« an die gewünschten Login-Daten und konnten damit Schabernack treiben oder echten Schaden anrichten. Welche Tatsachen konnten gefälscht werden: die Absender-URLs und die Webseiten selbst, meist kombiniert mit dem Schaffen von Vertrauen im Text.

Aber was veranlasst uns Menschen, auf solche Tricks hereinzufallen? Warum überweisen Menschen Tausende Euro nach Nigeria, in der Hoffnung, ein Vielfaches davon zurückzubekommen? Warum funktioniert der Neffentrick am Telefon?

Wir Menschen sind im Umgang miteinander evolutionär so programmiert, dass wir mit kooperativen Strategien den meisten Erfolg, wenngleich nur langfristig, erzielen. Wir spielen eben Tit-for-Tat. Das bedeutet aber auch, dass wir versucht sind, ein freundliches Angebot, quasi den ersten Spielzug des Mitspielers, freundlich zu erwidern. Kommt uns wer freundlich, reagieren wir freundlich zurück. Das machen sich Phisher genauso wie klassische Verkäufer zu nutze. Erst den Schulterschluss suchen, kooperatives Verhalten anbieten – und dann zuschlagen.

Die Evolution hat uns aber nicht stur in irgendeine Richtung hin programmiert. Wir sind zur Selbstreflexion fähig, sonst gäbe es diese Zeilen nicht. Wir dürfen nur nicht dem emotionalen Impetus sofort folgen, dieser verleitet uns.

Sich aus einer Situation herausnehmen, warten, bis die ersten Emotionen verdampft sind, und dann erst entscheiden – das wäre eine erste Firewall bei uns Menschen. Oder wie ein altes jüdisches Sprichwort das richtige Ausmaß an Skepsis zum Ausdruck bringt: »Die Braut ist mir zu schön ...!«

Anonymität versus stabilen Soziotop: das Verhalten vor Dritten

Wenn wir heute in unserer modernen Welt Tit-for-Tat spielen, greifen wir auf ein Programm zurück, dass unsere Vorfahren in deren Lebensumgebung entwickelt und für erfolgreich befunden haben. Es gab ihnen recht. Die Menschen damals lebten in konstanten Kleingruppen, sie kannten einander gut und die Wahrscheinlichkeit, die nächste Zeit oder gar ein Leben lang beieinander zu bleiben, war sehr hoch. In diesem Umfeld konnte sich Tit-for-Tat entwickeln und etablieren. Es sprach sich einfach herum, wenn ein erfolgreicher Jäger seine Beute großzügig mit den Alten oder den erfolglosen Jägern geteilt hat. Wenn er einmal von der Jagd nichts nach Hause bringen konnte, standen ihm dadurch die anderen bei. Genauso sprach es sich herum, wenn jemand dabei ertappt wurde, seine Faulheit bei der Jagd als Glücklosigkeit darstellen zu wollen. Ein klarer Fall von Betrug, der sofort durch den Entzug von Zuwendungen (Fleisch, Fell, ...) bestraft wurde. Teilte er seinen nächsten Jagderfolg, wurde er wieder ins solidarische Netzwerk aufgenommen. Das war gelebtes Tit-for-Tat.

Warum konnte sich Tit-for-Tat so gut etablieren? Weil es auf dem simplen Prinzip beruht, nicht auf Kosten seiner Mitmenschen Gewinn zu machen. Es versucht nie, den Mitspieler zu übertreffen, zu gewinnen – es schummelt auch nie. Das nenne ich eine sozial verträgliche Strategie. Gemeinsam ist mehr zu erreichen, Opfer werden ausgespart.

Heute hingegen sehen die meisten Business-Umgebungen anders aus, die Gesellschaft bietet eine Fülle an Nischen für Anonymität und daraus folgenden Verhaltensmustern, die sich nicht zwingend nach Tit-for-Tat richten. Anonyme Postings im Intranet des Unternehmens, Hasspostings in Internetforen, aber auch mangelnde Kooperationsbereitschaft in Großunternehmen, wo die Mitarbeiterinnen und Mitarbeiter einander nicht mehr kennen.

Warum auch? Wenn ich davon ausgehe, einen Menschen nicht mehr wiederzusehen, kann ich darüber nachdenken, nicht zu kooperieren und den kürzesten Weg zu meinem Vorteil zu suchen.

Jedoch: Moderne Technologien, und ich denke da in erster Linie an die sozialen Netzwerke im Internet, bringen die Menschen wieder enger zusammen, lassen Anonymität immer seltener zu. War in den evolutionär wesentlichen Zeiten das reale soziale Umfeld der schlichtende Regulator und Anbahner von Kooperation, so ist dies heute zusätzlich das »virtuelle« soziale Umfeld im World Wide Web. Wenn wo wer Mist baut, ist die Wahrscheinlichkeit hoch, dass dies gleich einem wesentlichen, sozialen Netzwerk mitgeteilt wird. Hier dienen soziale Netzwerke als Kontrollmechanismen. Wer die Spielregeln verletzt, so implizit sie auch sein mögen, muss mit sozialen Konsequenzen rechnen. Damals gab es wahrscheinlich eine tüchtige Abreibung oder eine temporäre Ächtung, heute dient der Shitstorm als Strafe für Betroffene und Wegweiser für Beobachter.

Bestrafung oder Kooperation?

Tit-for-Tat gilt als freundlich und nett, weil es sofort Kooperation anbietet. Wer weitergelesen hat, hat aber auch gelesen, dass es ab dann das Verhalten des Gegenübers spiegelt. Wer das erste Kooperationsangebot nicht annimmt, sondern mit Betrug/Nichtkooperation antwortet, wird ebenso sofort damit bestraft. Das ist eine weitere Stärke von Tit-for-Tat: Es ist eine unglaublich konsequente Taktik und bestraft sofort, wenn es sich hintergangen wähnt. Und es bestraft so lange, bis das Gegenüber einmal auf Kooperation setzt. Dann ist es sofort wieder versöhnlich und antwortet entsprechend. Glaubt man Pädagogen, so ist das die einzig richtige Taktik, um Kinder halbwegs unbeschadet heranwachsen zu lassen: konsequent, aber freundlich.

Im Unternehmen läuft es nicht viel anders. Stellen wir uns vor, eine neue Mitarbeiterin bezieht ihren neuen Arbeitsplatz in einem Arbeitszimmer mit vier bis fünf anderen Kollegen und fängt sofort an, hörbar den ganzen Tag über Musik zu spielen. Wenn die eingesessenen Kollegen das erstmals eine Weile dulden, bis ihnen Tage oder Wochen später, meist ohne Zusammenhang, der Kragen platzt, werden sie auf Unverständnis stoßen. Das Schweigen der Anfangsphase wurde als Zustimmung gedeutet, eventuell sogar als »willkommen« missinterpretiert. Die Bereitschaft, sich für die Beschallung zu entschuldigen, wird nicht sehr hoch sein.

Ein weiteres Beispiel: Führungskräfte sind angehalten, mit Lob und Tadel ihre Mitarbeiterinnen und Mitarbeiter zu führen. Tun sie das, aber nicht konsequent, so können die Konsequenzen zumindest einmal für Verwirrung sorgen:

- Herr Dokupil kommt häufig zu spät. Erst wurde er dafür jedes Mal und sofort gemaßregelt, irgendwann wurde es seiner Führungskraft jedoch zu dumm, zu mühsam, und sie unterließ den Tadel. Für Herrn Dokupil ein Zeichen schweigender Akzeptanz. Würde die Führungskraft jedoch nach Wochen wieder einmal so richtig wegen des Zuspätkommens explodieren, würde Herr Dokupil die Welt nicht mehr verstehen.

- Ebenso läuft es mit Lob: Frau Lorant wurde stets gelobt, wenn sie ein Meeting gut leitete. Das tat ihr gut. Jedoch hörte ihre Chefin eines Tages auf, sie dafür zu loben. Die Chefin spielte auf einmal nicht mehr Tit-for-Tat und Frau Lorant war am Boden zerstört, weil sie dachte, irgendetwas falsch zu machen.

Solche unausgesprochenen Brüche sorgen in der Regel für Sprachlosigkeit, Unverständnis und sind somit nicht gerade für ein gedeihliches Miteinander verantwortlich. Die Lösung: Konsequenz.

Die Netten werden die Ersten sein

Das echte Leben, fernab theoretischer Modelle, so lebensnah sie auch sein mögen, ist meist komplexer als die entwickelten Spielsituationen. Wir haben mit so unglaublich vielen Menschen Sozialkontakt, müssen ständig fremde Verhaltensweisen einschätzen und bewerten und das eigene Verhalten entsprechend ausrichten, müssen rasch erzielbare Gewinne gegen mittelfristige Probleme hochrechnen und darüber nachdenken, ob das eigene Verhalten von den Mitmenschen auch so bewertet wird, wie wir es selbst zu tun meinen. Das alles unter Zeitdruck. Und wir schaffen das. Wir schaffen das mit spielerischer Leichtigkeit, weil es sich um Denkmuster handelt, die für unsere Vorfahren überlebenswichtig waren. Diese Denkmuster hatten rund zwei Millionen Jahre Zeit, sich zu entwickeln und zu etablieren – da kann man sich schon ein bisserl was erwarten ;-)

Ohne sozialen Zusammenhalt, ohne die dazu notwendige soziale Intelligenz hätte sich aus einem Australopithecus niemals ein Homo sapiens entwickeln können. Dazu brauchte er ein großes Gehirn, und das hat er auch herangebildet (weil er durch die Bändigung des Feuers auf einmal viel mehr Fleisch als zuvor essen konnte).

Kooperatives Verhalten setzt sich in Populationen gemischter Strategien, wo es also auch genug Betrüger gibt, langfristig durch. Und trotzdem: Mittel- bis kurzfristig kann der nette Kooperierer schneller vom Fenster weg sein, als ihm lieb ist. Daher ist es ein wertvoller Tipp vor einem Unternehmenswechsel, sich genau umzuhören, wie denn die Atmosphäre in einem Unternehmen so ist, bevor man sich für dieses entscheidet und sich darauf einlässt. Wird dort eher kooperiert oder matchen sich die Mitarbeiterinnen und Mitarbeiter von früh bis spät …?

Lässt das Wissen über die Entstehung von Kooperation eine Empfehlung zu? Reicht es, dass eine Verhaltensstrategie über Millionen Jahre hinweg erfolgreich war, um diese Strategie fortzusetzen? Oder lernen wir daraus, dass ein schneller Betrug, ein kurzfristiger Gewinn auf Kosten anderer durchaus eine Erfolg bringende Taktik sein kann? Das sei der individuellen Moral überlassen – mit dem angenehmen Wissen, dass sich letztendlich doch die Netten durchsetzen werden.

UNTER AFFEN –
EINGANGSCHECK IM
UNTERNEHMEN

Wieso eigentlich »Unter Affen«? Sind wir nicht Menschen und keine Tiere? Und wenn wir schon zähneknirschend zur Kenntnis nehmen müssen, dass wir weder Pflanzen noch Pilze sind, dann sind wir doch bitteschön keine Affen, oder?

Natürlich sind wir Affen. In irgendeiner Schublade steckt ja ein jeder, so auch wir Menschen. Wir gehören in die biologische Schublade der Menschenaffen, genauso wie die Schimpansen, Orang-Utans und Gorillas. Diese Schublade steckt wiederum in einer größeren Lade, die heißt Menschartige. Dort sind wir Menschenaffen gemeinsam mit den Gibbons drinnen. Gemeinsam mit den Geschwänzten Altweltaffen steckt diese Lade wieder in der Lade der Altweltaffen. Und gemeinsam mit den Neuweltaffen steckt diese Lade wiederum in der großen Lade der Affen. Wir sind also Affen, umgeben uns mit Affen, arbeiten mit Affen, heiraten Affen und zeugen kleine Äffchen, die manchmal wirklich wie Affen riechen ;-)

Unsere Entwicklung, vom Sahelanthropus über den Australopithecus hin zum Homo erectus und letztendlich zum Homo sapiens fand stets innerhalb der großen Lade der Affen statt, das sollten wir nicht vergessen. Wir hatten viele Millionen Jahre Zeit, unseren Körper und unser Verhalten und Denken sukzessive den Bedürfnissen der geologischen wie auch der sozialen Umgebung anzupassen. Und so stehen wir jetzt da: Perfekt für ein Leben in der Savanne in Kleingruppen angepasst. Danke, möchte man da fast sagen ... aber weit und breit keine Savanne, sondern nur weitflächige Parkplätze vor dem Unternehmen und statt in Kleingruppen sitzen wir in Großraumbüros. Es wird noch eine Weile dauern, bis wir für diese Umwelten perfekt angepasst sind – und dann werden sich diese Umwelten schon wieder verändert haben. Wir bleiben immer hinten nach und die Momente, in denen dies heutzutage gut sichtbar ist, arbeite ich in diesem Buch heraus.

Machen wir uns auf eine kleine Forschungsreise in ein Unternehmen auf und beginnen gleich einmal am Parkplatz zu beobachten, welche Verhaltensmuster denn evolutionär bedingt scheinen.

Parkplatz und Autotype – Basis für den Status

Mit einem satten Klack schließt die Autotür am Firmenparkplatz. Jeder hört sofort, dass es sich um ein sehr großes Auto handeln muss. Und große Autos sind teuer. Und große Autos kann sich nicht jeder leisten, und wenn die Firma das Auto zur Verfügung stellt, steht es auch nicht jedem zu. So viel Ungleichheit muss schon sein.

Wer man im Unternehmen ist, ob und wie viel man im Konzern zu sagen hat, beginnt nicht erst im Gebäude selbst erkennbar zu werden. Da speziell die Männer nach Status gieren (um den Frauen zu gefallen), müssen sie ihren Status ständig demonstrieren und danach trachten, noch höheren Status zu erlangen. Dafür sind sie bereit, alles zu geben. Das weiß die Unternehmensführung natürlich und hat dadurch ein wunderbares Leckerli für die Mitarbeiter in der Hand.

Wer brav mehr gibt als kollektivvertraglich vorgeschrieben, wer über Gebühr viel arbeitet und keine blöden Fragen stellt, ja dem steht ein feiner Dienstwagen zu. Und mit jedem Karriereschritt darf der Dienstwagen ein wenig länger, höher und massiver werden.

Gerade am Auto können wir gut erkennen, wer in einem Unternehmen welchen Status innehat. So hat möglicherweise erst die zweite Managementebene Anspruch auf ein Dienstfahrzeug. Und auch die klassischen Vertriebler sind meist mit Firmenautos unterwegs – schauen Sie einmal genau hin, es sind fast immer sportliche Kombis.

Je weiter ein Mitarbeiter die Karriereleiter hinaufklettert, desto größer wird sein Dienstwagen. Wer mit einem Audi A4 anfängt, darf vielleicht nach einigen erfolgreichen Jahren als Abteilungsleiter den A6 übernehmen und bekommt zu guter Letzt den Schlüssel als Bereichsleiter für den A7 überreicht. Der A8 bleibt selbstverständlich den Damen und Herren vom Vorstand vorbehalten, wobei diese nicht mehr selbst fahren, sondern gefahren werden. »Bringen Sie mich nach Hause, Herr Franz. Oder wissen Sie was, machen wir vorher noch einen kurzen Halt beim Feinkostgeschäft«

Sie erkennen also bereits am Auto ganz gut, auf welcher Höhe jemand in der Unternehmenshierarchie steht, beziehungsweise wer gut verhandeln kann oder gar der neue Liebling vom Chef ist.

Natürlich kann man auch mit dem Privatwagen zeigen, was man für ein toller Hecht ist. Gerade Männer lieben es, ihr blasses Image ein wenig mit wuchtigen, sportlichen Autos aufzupolieren. Das Image des Wagens soll auf den Besitzer abfärben und seiner Positionierung dienlich sein. Mit dem Wagen kann man ganz deutlich zeigen, wovon man glaubt, dass es einem zusteht und dass es zu einem passt.

Aber nicht Automarke und Autotyp allein geben darüber Auskunft. Auch die Nähe des Parkplatzes hin zum Eingang symbolisiert die jeweilige Sprosse der Karriereleiter. Wer nahe zum Eingang einen reservierten Parkplatz sein eigen nennt, verdient wahrscheinlich ganz gut und bekleidet eine feine Position im Unternehmen. Auch die Tatsache, ob der Parkplatz überdacht ist, bewacht ist, ob er eine eigene Zufahrt hat oder gar zu einem eigenen Eingang hinein ins Unternehmen führt, spricht Bände zur Position des Fahrzeuglenkers. Denn wer wirklich wichtig ist, hat doch keine Zeit zu verlieren, schon gar nicht am Weg hinein ins Unternehmen, oder?

Warum: Das Fahrzeug und der Parkplatz sind Statussymbole. Sie symbolisieren den »Rang«, den ein Mensch innerhalb des Unternehmens besitzt. Oft werden diese Symbole auch als Motivation eingesetzt, in der Hoffnung, dass der Mitarbeiter diesem eines Tages gerecht wird.

Die Portiersloge – erste Unternehmenspforte, die heimliche Macht?

Der erste Mitarbeiter, den Sie beim Betreten des Unternehmens sehen und grüßen, ist häufig der Portier. Zum Portier sind die meisten Menschen freundlich – wieso eigentlich?

Der Portier hat innerhalb des Unternehmens keinen hohen Rang, ist eher basal einzustufen. Oft sind es ehemalige Langzeitarbeitslose, ehemalige Haftinsassen (natürlich unschuldig!) oder einfach Menschen, die auf diesen Job angewiesen sind. Sie öffnen den Schranken oder behalten die Eingangsschleusen im Blick. Wer sich nicht ausweisen kann, muss auf seine »Behandlung« warten, wird angemeldet, aufgezeichnet, abgelegt und hoffentlich letztendlich von jemandem abgeholt. Die wenigsten, die am Portier vorbeigehen, möchten mit diesem die Rolle im Unternehmen tauschen.

Der Gruß erfolgt also nicht auf Augenhöhe, sondern wird quasi von »oben« als Zeichen der Wertschätzung gewährt.

Und doch ist es nicht nur joviales Wohlwollen – der Portier hat, einmal abgesehen vom geringen Ansehen dieses Berufsstands, durchaus eine Menge Macht. Der Portier öffnet Schranken für einfahrende Autos, hindert Nicht-Berechtigte am Zugang zum Unternehmen und verfügt über Zugänge zu sämtlichen Räumen im Haus. So einen kann man immer einmal brauchen! Was tun, wenn man die Zutrittskarte vergessen hat? Den Portier ansäuseln. Was tun, wenn man in den Seminarraum möchte, der aber versperrt ist? Den Portier ums Öffnen bitten.

Der Portier ist tatsächlich der Gatekeeper des Hauses und eigentlich kann es sich keiner leisten, es sich mit ihm zu verscherzen. In der Sprache der Verhaltensbiologen klingt das in etwa so: Die Kosten, die beim Anbieten von Kooperation entstehen, sind wahrscheinlich geringer als der ausbleibende Nutzen, wenn der Portier nicht kooperiert. In der Alltagssprache sagt man: Freundlich sein kostet nichts, wer weiß, wozu es einmal gut sein wird. Typische Floskeln beim Portier: »'tag, Grüssie, Moin moin, d'Ehre, Serwas, …«

Und noch einen Grund gibt es, freundlich zu sein: Der Portier stellt keine direkte Bedrohung für die eigene Funktion dar. Selten bis nie hat ein Portier den Karrieresprung geschafft, seine Loge verlassen und den Sessel eines Marketingmitarbeiters eingenommen. Von Portieren ist diesbezüglich nichts zu befürchten, ein Konkurrent weniger – da kann man schon einmal freundlich sein! Was sind wir doch berechnend!

Der Portiersfunktion nicht unähnlich ist die Funktion des Empfangs. Der Empfang ist meist einer Abteilung vorgeschaltet und dient dort als Gatekeeper. Da innerhalb des Unternehmens der Empfang einer Abteilung meist das Erste ist, das ein Kunde, Partner oder Lieferant zu sehen bekommt, arbeiten dort in der Regel sozial sehr annehmbare, freundliche und kommunikative Menschen. Sie fragen nach dem werten Befinden, sorgen für Wohlempfinden, bieten kalte Getränke und warme Sitzgelegenheiten an, bis man dann von der Zielperson abgeholt und in ein Besprechungszimmer geführt wird. Und auch hier ist die Macht des Gatekeepers spürbar – und je nach Veranlagung lassen es die Mitarbeiter vom Empfang einen auch spüren, dass vieles gehen kann, aber auch nichts gehen muss. Daher sind die Menschen zum Empfang immer akzentuiert höflich bis übertrieben freundlich. Denn eines wissen alle: Am Empfang gibt es kein Vorbeikommen, mit dem Empfang tauschen sich auch alle im Haus aus. Also Vorsicht, welchen Eindruck man dort hinterlässt!

Typische Floskeln beim Empfang: »Herr Dr. Steckenreiter, schön Sie wiederzusehen!«, »Frau Prof. Knecht – wie geht es Ihren Kindern?«, »Na, Herr Hoffinger – wie war der Urlaub – wieder Sizilien?«

Erste Bewährungsproben – Fast lane und Aufzug

Nicht jeder Mitarbeiter muss beim Portier durch das Drehkreuz gehen, dabei mühsam seine Zutrittskarte auf den Scanner legen und hoffen, dass das Licht auf Grün umschaltet, damit er durchgehen kann. Diese Schikane bleibt dem Fußvolk vorbehalten.

Wer es die Karriereleiter hinaufgeschafft hat, wer in der Managementebene tätig ist, hat möglicherweise den Komfort einer Fast lane, eines schnellen, unkomplizierten Zugangs zu seinem Arbeitsplatz.

Bei Hochhäusern ist in der Regel die Anzahl der Aufzüge der limitierende Faktor am Weg zum Büro. Menschentrauben warten vor der Lifttür, steigen einander auf die Fersen und erstechen einander mit der Spitze des Regenschirms. Unangenehm genug – doch im Lift wird es nicht lustiger. Alle schauen nach vorne, spüren den Atem des Hintermanns im Nacken, werden mehr oder weniger brutal zur Seite gedrängt und müssen das Odeur der Kolleginnen und Kollegen (»Neues Parfüm, heute, Frau Krautschneider?«) ertragen.

Die Erleichterung beim Aussteigen ist allen ins Gesicht geschrieben. Wäre es nicht fein, einen eigenen Aufzug benützen zu können, der Sie direkt in das Geschoß Ihrer Wahl bringt? Große Unternehmen bieten derlei Annehmlichkeit. Da gibt es drei Aufzüge für 650 Mitarbeiter und einen Aufzug für 12 Führungskräfte. Selbst der Wartebereich ist gut getrennt vom Fußvolk. Begründet kann diese Extratour natürlich mit der Notwendigkeit zur Arbeitszeitmaximierung werden – die Führungskräfte legen sich ja für die Mitarbeiter ins Zeug und wollen dabei nicht unnötig gehindert werden. Oder man lässt die fadenscheinige Begründung sein und gesteht ein, dass das einfach Symbole der Macht sind.

Eine Szene im Film »Der Teufel trägt Prada« illustriert dies bestens: Meryl Streep alias Anna Wintour steigt nach einer Mitarbeiterin in den Aufzug (offensichtlich gibt es dort keinen eigenen für die Führungsebene) und die Mitarbeiterin springt förmlich wieder hinaus und entschuldigt sich sogar noch für ihre kurzfristige Anwesenheit, damit die Chefin allein im Aufzug fahren kann.

Es geht immer um Ressourcen, und wer den besseren Zugang zu Ressourcen hat, in diesem Fall einem eigenen Aufzug, aber auch dem eigenen Parkplatz und die Fast lane beim Eingang, symbolisiert damit seinen Status. Hoffentlich sieht es jeder …

Restaurant & Kundentermin:
Und jetzt wird geprasst!

Bei den Kwakiutl-Indianern auf der Vancouver-Insel in Kanada gibt es eine Veranstaltung, den Potlatsch. Im Zuge eines Potlatschs beweist ein gastgebender Stamm A gegenüber einem zu Gast anwesenden Stamm B, dass er es sich leisten kann, seinen Besitz zu vernichten. Wertvolles Öl wird vor den Augen der »Gäste« verbrannt, Hütten werden angezündet, Boote zerstört und Sklaven getötet. So wird versucht, den anderen Stamm durch Großzügigkeit und Verschwendungssucht zu beeindrucken und vor allem zu beschämen, so beschreibt es der US-amerikanische Ethnologe Franz Boas in »Indianische Sagen: von der Nord-Pacifischen Küste« sowie die Begründerin der kulturvergleichenden Anthropologie in den USA, Ruth Benedict im Jahr 1934 in »Patterns of Culture«.

Der Potlatsch ist die extreme Ausformung des Handicap-Prinzips der Zahavis: Gewisse Signale und Eigenschaften sind für dessen Träger sehr kostenintensiv. Ein riesiges Geweih, ein gewaltiger Federnkranz – beides kostet den Körper Energie und macht die Fortbewegung schwierig, die Flucht fast unmöglich. Wer es dennoch schafft zu bestehen, wer es sich leisten kann, diese Signale zu zeigen und zu tragen, der ist natürlich ganz besonders »fit« im biologischen Sinn. Und wer dem anderen zeigt, dass er es sich leisten kann, Vermögen zu vernichten, ist natürlich a) ein gewaltiger Angeber oder b) tatsächlich so vermögend, dass der Verlust keine Rolle spielt. Wie sagte schon der Austrokanadier und Milliardär Frank Stronach: »So viel Geld kann ich gar nicht verlieren, dass ich nachher weniger habe.«

Kommt der Potlatsch Ihnen bekannt vor? Könnte es sein, dass Geschäftsführer beim Golfen damit voreinander prahlen, wie viele Mitarbeiter sie dieses Jahr bereits abgebaut hätten? Welche Abteilungen sie zerschlagen und welche Tochterunternehmen sie bereits verkauft hätten? Und dann lädt einer den anderen auf eine Flasche sündhaft teuren Wein ein – aber doch nicht etwa, um ihn zu beschämen, oder?

Und wie sehr werfen sich Kollegen als ambitionierte Hobbyköche in die Schlacht, wenn es darum geht, die eingeladenen Gäste durch den Einsatz teuerster Ingredienzien und rarster Gewürze zu beeindrucken? Ganz nebenbei lassen sie beim Erklären des Gerichts fallen, dass das Rezept vom Starkoch Joël Robuchon sei, bei dem sie dies unlängst in Paris gegessen hätten – sie seien durch die vielen Besuche längst gute Bekannte. Und die Produkte am Teller sind natürlich vom besten Feinkosthändler der Stadt. Da dürfe man nicht am falschen Ende sparen, das seien uns die Gäste doch wert?

Die Gäste bringen selbstverständlich ein Gastgeschenk mit, das hochwertig und beeindruckend ist – spezieller Rotwein, exklusiver Champagner, einen gewaltigen Strauß Blumen vom gerade angesagtesten Hipster-Blumenbinder der Stadt. Es muss sich auf jeden Fall vom Üblichen abheben, Distinktionsgewinnlertum – also bewusste Abgrenzung sozialer Gruppierungen – als Pflicht.

Und welchen Wein servieren die Gastgeber selbst? Das muss schon eine Flasche sein, die Eindruck hinterlässt – und von der man nonchalant gleich einen Zwölferkarton gut sichtbar im Zimmer stehen hat. Man könnte aber auch auf den Château Pétrus ausweichen …?

Bei der Gegeneinladung ist der nun Eingeladene selbstverständlich gefordert und darf nicht abfallen. Die Flasche Wein, die er selbst mitbringt, muss natürlich so teuer, wenn nicht teurer sein, als jene, die er einst überreicht bekommen hat. Statt einer Bouteille könnte es zum Beispiel eine Magnum vom besseren Jahrgang und vom exklusiveren Winzer sein. So entsteht ein Wettrüsten im Einsatz aufwendiger und teurer Geschenke und Gerichte.

Dieses Spiel lässt sich hervorragend auf Restaurantebene austragen: Wenn eine Firma eine andere Firma zum Essen einlädt, muss das Restaurant in seiner Qualität natürlich die Wertschätzung füreinander zum Ausdruck bringen. Man trifft einander in einem Restaurant mit einem Michelin-Stern, animiert die Gäste, doch zu den teuersten Gerichten zu greifen, und bestellt Jahrgangschampagner zu horrenden Summen – ganz beiläufig natürlich – man kann es sich ja leisten. Foie gras als Vorspeise, ein paar Gramm Osietra-Kaviar als leichte Erfrischung, Leinen-geangelter Steinbutt nappiert in getrüffelter Champagnersauce, Wildfang-Hummer mit Languste gefüllt und hinterher mit Blattgold verzierte Desserts – was kostet die Welt? Das sind einem die Gäste doch wert. Wie die Gegeneinladung wohl aussehen wird? Eventuell ein Restaurant mit zwei Michelin-Sternen?

Wir sind doch alle Kwakiutl-Indianer: Mit Verschwendung angeben ... wenn sich dann noch schlechtes Benehmen und fehlende Tischmanieren dazuschlagen, wird es echt bitter.

Die Frage ist, ob wir es uns erlauben können, hier nicht mitzuspielen. Es gibt die Erwartungshaltung des Gegenübers, das spielen möchte, und wer dann nicht mitspielt, gilt natürlich als Spielverderber. Andererseits: Sollen wir unser Tun so stark vom Gegenüber abhängig machen? Müssen wir immer mitlaufen, mitspielen, mitprahlen? Das kann nur jeder für sich beantworten – und jeder kann es im Alltag beobachten.

DAS STIEGENHAUS –
DER BUSINESS-
CATWALK

Wer meint, dass er sich im Stiegenhaus in Sicherheit befindet, irrt gewaltig. Nur weil Sie gerade kein langweiliges Meeting haben, nicht am Arbeitsplatz zu arbeiten vorgeben oder in der Chefetage um ein größeres Dienstauto betteln, sind Sie im Stiegenhaus noch lange nicht fein raus. Denn das Stiegenhaus ist der Catwalk des Unternehmens. Hier präsentiert man sich, geht aufeinander zu, aneinander vorbei, grüßt oder auch nicht, und sieht einander hinterher. Auf jeden Fall gibt es hier genug Substrat für den Verhaltensbiologen!

Welcher Stock?

Natürlich spielt es eine Rolle, ob Sie im zweiten oder im 17. Stock aus dem Lift steigen. Die Etagenhöhe ist ein Statussymbol, Sie treffen auf Ihrer Etage in der Regel Kollegen und Kolleginnen auf Augenhöhe, sprich ähnlichem Level, zumindest auf Abteilungsniveau.

Auch sind Etagen unterschiedlich eingerichtet. Meist steigt die atmosphärische Qualität mit der Höhe des Stockwerks. Mehr Licht, mehr Raum, gemütlichere Sitzecken, großzügigere Küchen, schicke Bilder, dicke Teppiche am Boden (manchmal sogar an den Wänden), schicke Beleuchtungskörper ... der Gradient von unten nach oben ist in der Regel evident.

Wie geht es einem Mitarbeiter aus dem zweiten Stock, wenn er hinauf muss, hinauf zur Geschäftsleitung in den 13. Stock des Glaspalastes? Ist es für ihn Antrieb, da auch einmal hinzukommen, oder ist es nur ärgerlich zu sehen, wie sehr es sich »die da oben« in jeder Hinsicht richten können? Die unterschiedliche Wertigkeit der Arbeit wird einem deutlich vor Augen geführt – ob das motivierend ist? Der Unterschied zwischen oben und unten in der Wahrnehmung, was einem zusteht, kann zu gewaltigen Verwerfungen innerhalb eines Betriebs führen. Gespart wird so und so immer gerne bei den anderen – und investiert leider genauso. Neid ist kein guter Antrieb, viel Energie geht beim alltäglichen Tratschen und Beschweren über die Ungerechtigkeit verloren. Das scheint mir nicht gerade ökonomisch sinnvoll.

Gehgeschwindigkeit – Pace of Life

Ein echter Leckerbissen der Verhaltensbiologie stellt die Gehgeschwindigkeit dar. Ursprünglich stand einmal die Frage im Seminarraum junger, ambitionierter Verhaltensforscher, wie man den »Pace of Life« messen könne. Zwei unterschiedliche Denkansätze wurden dabei untersucht: Einerseits galt das Interesse den kulturell bedingten Unterschieden, andererseits wurde der Frage nachgegangen, ob nicht auch die Selbstdarstellung im Zuge der Partnerwahl eine Rolle spiele.

Der Pace of Life ist jenes Phänomen, das die meisten Urlauber und Reisenden kennen: In jedem Land herrscht eine andere Lebensgeschwindigkeit, gelten unterschiedliche

Pünktlichkeitskriterien und wird unterschiedlich lange für gewisse Handlungen gebraucht. Es gibt hypernervöse High-speed-Gesellschaften wie zum Beispiel in der Inner City of London oder in Tokio, und akzentuiert entspannte »Soon-come«-Gesellschaften, und da muss man nicht gleich an Kingston/Jamaika denken. Es reicht schon Rio de Janeiro. Aber wie können wir das Gefühl messbar machen? Wie können wir feststellen, dass die eine Gesellschaft schneller Gegenstände manipuliert und pünktlicher ist als eine andere?

Der US-amerikanische Sozialpsychologe Robert Levine konzentrierte sich auf diese Fragestellungen. Der Anlass dazu war ein Lehrauftrag in Brasilien. Dabei fiel ihm auf, dass die Studierenden mit einer ihm bis dahin unbekannten Selbstverständlichkeit und Entspanntheit zu spät zur Vorlesung kamen. Und zwar nicht nur knapp, sondern auch gerne einmal eine Stunde zu spät. Sie blieben zum Teil nach Ende der Vorlesung aber länger sitzen und diskutierten mit Levine die besprochenen Inhalte. Levine notierte, dass angloeuropäische Tugenden wie Pünktlichkeit oder Verlässlichkeit eine eher untergeordnete Rolle in Brasilien spielten.

Infolge stellte Levine Forschungen zu dem Thema an und untersuchte die kulturellen Aspekte des Umgangs mit der Zeit. Dazu zog er die Arbeitsgeschwindigkeit am Arbeitsplatz, die Gehgeschwindigkeit von Passanten und die Genauigkeit öffentlicher Uhren heran.

Bei der Gehgeschwindigkeit hatte Levine gemessen, wie lange 35 Männer und 35 Frauen für 60 feet (nicht ganz 19 Meter) an zwei verschiedenen Standorten in der Innenstadt brauchen. Außerdem ließ er messen, wie lange Postmitarbeiter brauchen, um eine Briefmarke auszugeben und einen bestimmten Geldschein in Papier und Münzen zu wechseln. Und die Genauigkeit der Uhren wurde so untersucht, dass man in einer Stadt in 15 zufällig ausgewählten Bankfilialen die Uhren mit der Uhrzeit der offiziellen Telefon-Zeitansage verglich.

Und das Ergebnis?

In einer großangelegten Studie über 31 Länder belegte die Schweiz vor Irland, Deutschland und Japan den ersten Platz, gefolgt von Italien, England, Schweden und Österreich. Die USA belegten nur Platz 16. Die drei letzten Ränge nahmen Brasilien, Indonesien und Mexiko ein. Unter den Top Ten waren mit Japan und Hongkong nur zwei nicht-westeuropäische Länder vertreten.

Die Schweiz errang, wenig überraschend, einen überlegenen Sieg in der Kategorie »Genauigkeit öffentlicher Uhren«. Mexikos letzter Rang erfüllt ebenso die Erwartungen, da die Mexikaner zwischen der 60-minütigen »hora inglese« und der deutlich längeren »hora mexicana« unterscheiden.

Wenn wir die Ergebnisse zusammenfassen, erkennen wir, dass heißere Städte langsamer sind als kühlere, dass ökonomisch vitale Städte schneller sind und dass jene Städte schneller sind, deren Kultur eher individualistisch denn kollektiv zu betrachten ist. Der stärkste Indikator für eine hohe Lebensgeschwindigkeit ist jedoch die Ökonomie.

Aber nicht nur die Ökonomie und das Klima spielen in das Tempo mit hinein. Wenn wir der Theorie um die Wichtigkeit des Status und damit verbunden der Lebensgeschwindigkeit nachgehen, dürfen wir einen Aspekt nicht außer Acht lassen, der vielleicht auf den ersten Blick gar nichts damit zu tun hat: Nach der Theorie der sexuellen Selektion sind Frauen der limitierende Faktor bei der Fortpflanzung. Ohne Frauen geht nichts. Deshalb treten die Männer um diesen limitierenden Faktor Frau gegeneinander an. Die Frauen hingegen sind jene, die eine Auswahl treffen. Sie haben das letzte Wort (eh, werden sich viele Männer denken). Für Frauen ist der sozioökonomische Status der Männer ein wichtiges Wahlkriterium; umgekehrt ist das nicht so. Männer legen bei der Partnerwahl keinen so großen Wert auf den sozioökonomischen Status wie die Frauen. Daher ist es für Männer wichtiger als für Frauen, im Kampf um diesen Status zu bestehen und diesen auch zu zeigen – natürlich via Status-symbole.

Und nun schließt sich der Kreis. Kann die Gehgeschwindigkeit ein Anzeiger für hohen Status sein, fragen Sie sich an dieser Stelle vielleicht. Evolutionär betrachtet, fällt die Antwort klar mit einem Ja aus. Warum?

In den Gesellschaften der Savanne gab es bereits eine Arbeitsteilung zwischen Männern und Frauen. Die Frauen sammelten, die Männer gingen auf die Jagd. Nur wer sich geschickt, schnell und ausdauernd bewegen konnte, hatte auch die Möglichkeiten, ausreichend Nahrung von der Jagd nach Hause zu bringen. Und der Zugang zu hochwertiger Nahrung war und ist ein ganz wesentliches Kriterium erfolgreicher Fortpflanzung. Schwangere Frauen brauchen Nahrung für mindestens zwei Lebewesen, und je sicherer und hochwertiger diese Nahrung ist, desto wahrscheinlicher überleben Frau und Kinder diese kritische Phase der Reproduktion. Männer, die signalisieren, dass sie dazu gut fähig sind, zumindest fähiger als die anderen, hätten demnach einen reproduktiven Vorteil. Und Männer zeigen dieses Verhalten, voreinander im Contest und vor Frauen, um diese zu beeindrucken. Sie stehen aufrechter, zeigen mehr Körperspannung und gehen vor allem zügiger. Es ist also gut möglich, dass sich die Gehgeschwindigkeit bei Männern evolutionär als Zeichen ihres Status manifest gemacht hat. Das zu testen, war keine Kunst mehr, das Ergebnis war absehbar: Höherrangige Männer gehen schneller als niederrangige. Bei Frauen konnte das nicht gezeigt werden.

Und genau das lässt sich in Stiegenhäusern und Gängen von Unternehmen ganz wunderbar beobachten. Während der Portier und die Reinigungskräfte durch das Haus schlendern, beschleunigen Teamleiter ein wenig, werden aber von Abteilungsleitern überholt, die wiederum gegenüber den Bereichsleitern das Nachsehen haben. Der Leiter der Rechtsabteilung sprintet förmlich durch das Haus.

Nur der Vorstand hat dieses Spiel des Statussignalisierens nicht mehr notwendig: Er kann es sich schon wieder leisten, so langsam wie die Reinigungskräfte zu bummeln, er braucht seinen Status nicht laut hinauszuschreien, denn den kennt jeder im Haus.

Wir sehen, allein die Art und Weise, wie wir gehen, ist ein Erbe der Lebensbedingungen unserer Vorfahren. Und gerade innerhalb eines Unternehmens, wo Hierarchie und Status großgeschrieben werden, sind diese Effekt heute immer noch wunderbar beobachtbar. Wir Affen!

Grüßen – das Affe-Mensch-Ritual

Je größer ein Unternehmen ist, desto öfter muss man pro Tag seine Kolleginnen und Kollegen grüßen. Wenn sich Hunderte Mitarbeiter in der Früh am Portier vorbeiquetschen, wenn zu Mittag dieselben Massen sich in der Kantine treffen und wenn zuletzt ein Run zu den Parkplätzen oder öffentlichen Verkehrsmitteln einsetzt – wird gegrüßt, als gehe es ums Überleben …

Aber wieso grüßen wir einander eigentlich? Und wer muss wen grüßen? Hier glauben wir Verhaltensbiologen natürlich einiges mitreden zu können, gestützt auf die Beobachtungen der klassischen Anthropologen.

Jegliche Form der Berührung, vom Streicheln, Kraulen bis zum Umarmen, stammt von Mutter-Kind-Berührungen ab, wie Irenäus Eibl-Eibesfeldt schon 1968 feststellte. Das erklärt auch die beruhigende Wirkung der freundlichen Geste. Generell ist es so, dass stets Ranghöhere Rangniedere berühren. Eibl-Eibesfeldt spricht vom Gewähren von Schutz und Kontakt. Denn in der Gruppe wird genau beobachtet, wer wen berührt. Die britische Verhaltensforscherin Jane Goodall hat zum Beispiel beobachtet, wie eine Schimpansin um eine Berührung vom ranghohen Schimpansen bittet, bevor sie sich an eine ausgelegte Banane gewagt hatte. Diese Bitte um Handkontakt unter Schimpansen wirkt wie eine Anfrage, etwas Bestimmtes tun zu dürfen. Auch stellen Schimpansinnen ihre Neugeborenen der Gruppe so vor, dass sie zuerst mit ausgestreckter Hand den Körperkontakt der anderen Schimpansen suchten, um erst bei Gewähren in der Folge das Baby zu präsentieren. Die Berührung der Hand durch Ranghohe führt bei Rangniederen hörbar zur Entspannung. Dominanz und freundliche Zuwendung gehen sprichwörtlich Hand in Hand. Man kann durchaus von einer betreuenden Dominanz sprechen, die auch Wärme, Zuwendung und Intimität vermittelt. Major und Heslin zeigten 1982, dass die Berührung dem Berührer mehr Ansehen in der Gruppe bringt als dem Berührten.

Die Handberührungen mündeten bei uns Mitteleuropäern in einem Ritual bindender Funktion – man gibt einander die Hand zum Gruß. Die freie Hand hat dann alle Möglichkeiten, das Gegenüber zu berühren. Man legt die zweite Hand auf die einander berührenden, man fasst einander an den Oberarm, klopft einander auf die Schultern, lässt die Hand dort liegen – je nach kultureller Färbung und zwischenmenschlicher Nähe.

Die zwischenmenschliche Nähe wurde ebenso von Verhaltensforschern intensiv untersucht. Es zeigt sich hier ein Nord-Süd-Gradient in Europa, entlang dessen die Distanz zwischen zwei Personen beim Gruß abnimmt. Auch nimmt die Anzahl der Berührungen, je weiter wir in den Süden kommen, zu.

Untersuchen wir traditionelle Stammeskulturen, so stellen wir fest, dass sie bei Begrüßungsritualen stets widersprüchlich vorgehen: Einerseits wird intensives Imponiergehabe gezeigt, ein wenig gedroht, Waffen präsentiert – andererseits wird dieses Verhalten von tanzenden Kleinkindern begleitet, die in ihrer Wirkung beschwichtigend sind. So hat dies zum Beispiel Irenäus Eibl-Eibesfeldt bei den Yanomami im venezolanisch-brasilianischen Urwald gefilmt: Der zu einer freundlichen Interaktion eingeladene Gast zeigte einen extrem aggressiven Kriegstanz, während neben ihm ein kleines Mädchen mit einem Palmwedel in der Hand Tanzbewegungen machte und somit einen freundlichen Appell verschickte. Mutet dies seltsam an? Ein Privileg der »zurückgebliebenen Wilden« im Busch? Von wegen! Wenn in der modernen Welt ein Staatsgast zu Besuch kommt, so darf dieser gleich am Flughafen, quasi als erste Kontaktaufnahme, das gastgebende Militär abschreiten, meist mit ernster und dominanter Miene. Am Ende dieses Defilees stehen dann zwei entzückend gekleidete, kleine Mädchen mit einem Korb Blumen im Arm und singen dem Gast ein Willkommenslied ... so viel zu den »Wilden«!

Brechen wir weltweit die Begrüßungsrituale herunter, bleiben Imponiergehabe und Beschwichtigung als Grußelemente über.

Der Rang kann eine Rolle bei der Gewichtung der beiden Elemente spielen. Vertraute oder Freunde klopfen einander fest auf die Schulter, umarmen einander kraftvoll und schütteln einander fest die Hände. Freundliches steht im Vordergrund und doch »prüft« jeder sein Gegenüber auf Muskelspannung und Standfestigkeit. Gegenüber Hochrangigen bleibt dies in der Regel aus, wir können sogar Demutsbewegungen beim Gruß feststellen. (Siehe Submission im Kapitel über Körpersprache) Besteht der Wunsch, Fremden auf Augenhöhe zu begegnen, finden wir das komplette Spektrum von Selbstdarstellung und Beschwichtigung vor. Wir gehen damit kein Risiko ein, vom Gegenüber als »Schwächling« enttarnt und in der Folge mit Dominanz belegt zu werden. Man gibt sich stark, um seinen Status beizubehalten, das Gegenüber auf Schwächen hin zu überprüfen und gegebenenfalls mit Dominanzgehabe ein wenig downzugraden.

Um beim Gruß sein Gegenüber freundlich zu stimmen, überreichen wir Menschen gerne Geschenke. Das können Komplimente sein (schönes Haus, netter Empfang, fantastisches Aussehen, ...) oder richtige Geschenke (Blumen, Flasche Wein). Diese Geste muss natürlich vom Begrüßten, vom Gastgeber, freundlich anerkannt werden. Ihm wird vom Schenker genau ins Gesicht geblickt, ob die Freude denn echt sei. Und der Beschenkte wird sich bemühen, möglichst erfreut dreinzusehen. Es folgt das Ritual der Floskeln, man tauscht sich über das Wetter aus, fragt nach dem werten Befinden, bewertet die Leistung einer Sportmannschaft und versucht auf diesem Weg eine Gleichschaltung zu erreichen. Ist man erst einmal gleicher Ansicht (»ein herrlich sonniger Tag heute!«), fällt alles noch Kommende leichter. Beim Abschied wird erneut das Einende gesucht, in Floskeln verpackt (»Was für ein wunderbarer Abend, welch herrliches Essen«, ...) und mit einem guten Wunsch (»Fahrt vorsichtig!«, »Kommt gut heim!«, »Schlaft gut!«), der einem Geschenk gleichkommt, beendet.

Selbst normale bis triviale Gespräche zwischen Führungskraft und Mitarbeiter entsprechen häufig diesem Muster: Erst ein wenig Triviales zur Solidarisierung, zum Schulterschluss, dann vorsichtiges Vorbringen des Anliegens samt hoffentlich sachlichem Gespräch, zum Abschluss das Formulieren, dass man nun gehen müsse, samt Wunsch an das Gegenüber (»Schönen Tag«, »Netten Abend«, »Weiterhin so gute Geschäfte«), der den Stellenwert eines Abschiedsgeschenks hat. The same procedure as every time ...

Fragt man Führungskräfte, wie die wirklich wichtigen Gespräche ablaufen, so erfährt man Folgendes aus der Businesspraxis: Geschäftspartner treffen einander in einem Restaurant, das hohen Status suggeriert, isst gemeinsam, plaudert dabei ausschließlich über Privates, Triviales, versucht, sich stimmungsmäßig aufeinander einzuschwingen und verbrät gut 95 Prozent der anberaumten Zeit mit Oberflächlichem. Erst knapp vor Ende des vereinbarten Termins wird kurz das heikle Thema angesprochen, mit wenigen Sätzen erledigt und die To-dos verteilt. Geschäft abgeschlossen – so ticken wir Menschen, so haben wir das ritualisiert.

Glauben Sie nicht, dass das bei Vorträgen großartig anders abläuft: Am Beginn und am Ende des Vortrags werden soziale Appelle formuliert, wird der Schulterschluss gesucht und Verbindlichkeit erzeugt. Der leider 2015 verstorbene Autor Harry Rowohlt hat dies bei seinen Lesungen stets die »Anschleimphase« genannt. Treffender geht es kaum. Die Vortragende beginnt also mit ein wenig Selbstdarstellung, versucht durch intellektuell wirkende Zitate bei der Eröffnung sich als belesen und gebildet darzustellen, zeigt durch Witzeln, dass sie eigentlich über solchen Dingen steht und dass sie nur deswegen hier ist, weil sie den Einladenden privat sehr schätzt und er sie überredet habe. Totale Selbstüberhöhung, gefolgt vom Anschleimen, wie stolz man doch sei, hier überhaupt sprechen zu dürfen, dass die Stadt, die Location, das Publikum in seiner Art einzigartig seien – und letztendlich formuliert sie irgendetwas, dass sie und die Stadt/die Location/das Publikum gemeinsam haben. Dann erst wird es sachlich und es folgt der Vortrag. Zum Ende hin werden Tonalität und Körperhaltung wieder verbindlicher, mit einem submissiven Dankeschön endet in der Regel der Vortrag.

Der Ablauf einer freundlichen Begegnung

Irenäus Eibl-Eibesfeldt hat die Rituale einer freundlichen Begegnung folgendermaßen zusammengefasst:

Begrüßung:
- Funktion: Selbstdarstellung, Brandstiftung ohne Unterwerfung

- Imponieren durch: Handschütteln, militärischen Salut, Imponiergehabe
- Beschwichtigen/Bandstiften durch: Geschenke, Lächeln, Nicken, Augengruß, Umarmung, Kuss, Appell über Kinder

Bandbekräftigung:
- Funktion: emotionelle Vertiefung der Beziehung als Vorbereitung für Sachliches
- Verhalten: Bekundung von Übereinstimmung und Anteilnahme in Dialogen, gemeinsames Handeln, gemeinsames Speisen, Tanzen, gemeinsamer Kampf, gemeinsame Trauer

Abschied:
- Funktion: Erhaltung des Bandes für die Zukunft, Beschwichtigung
- Verhalten: Austausch von Geschenken und/oder Wünschen, gegenseitige Versicherung der Verbundenheit

Ob private Einladung, Mitarbeitergespräch, Businessmeetings oder Vorträge – wir Menschen scheinen auf eine begrenzte Zahl an Strategien zurückzugreifen, wenn es um freundliche Begegnungen gehen soll.

Gruß und Kooperation

Jedes Unternehmen entwickelt seine eigene Kultur. Das Grüßen liefert hier einen wesentlichen Beitrag, da es speziell in unseren Kulturkreisen ein Indikator für Status und Rang ist.

So gilt, glaubt man den meisten Etikette-Knigges, die Regel, dass der Niederrangige dem Höherrangigen mit seinem »Guten Morgen« zuvorkommen muss. Dass der Mann die Frau und der Mitarbeiter die Chefin zuerst grüßt. Spannend ist in diesem Zusammenhang, dass das Händereichen genau umgekehrt abläuft. Es ist der Chef, der die Hand zum Gruß anbietet, es ist der Mann, der der Frau die Hand anbietet – da schwingt schon etwas Gönnerhaftes mit. Im Hintergrund läuft jedoch noch ein anderes Programm ab, jenes der beobachteten Kooperationsbereitschaft! Eine gute Führungskraft ist in erster Linie der erste Diener seiner Mannschaft. Und dies lässt sich am einfachsten mit dem Zuvorkommen beim Grüßen signalisieren.

Delegieren des Grußes

Wie affig wir Menschen immer noch sind, zeigt aber die Tatsache, dass so richtige Alphas wie Vorstandsvorsitzende oder Unternehmenseigentümer in Situationen, in denen sie eigentlich mit dem Grüßen zuvorkommen sollten, diesen Gruß an Niederrangige delegieren! Wer vor anderen eine Rede hält, präsentiert oder eine Presseerklärung vorträgt, beginnt in der Regel mit einer Begrüßung der Anwesenden. Wer dieses freundliche Signal jedoch nicht selbst setzen möchte, es unter seinem Wert empfindet, delegiert die Begrüßung an eine Moderation, um dann grußlos zu übernehmen. Auch hier geht es wieder um den Status und dessen Demonstration. Es soll kein Zweifel daran bestehen, wer die Chefin, der Chef ist.

Grotesk wird das Spiel des Grüßens nach Rang bei Veranstaltungen, wo viele Funktionäre unterschiedlichen Ranges zusammenkommen. Als Reden-Coach und Moderatorenberater wurde ich nicht nur einmal mit der Frage konfrontiert, wie man die Begrüßungen am besten im Rahmen der Veranstaltung verpackt. Üblich wäre, zuerst den Präsidenten zu begrüßen, danach die beiden Landesräte (die Frau zuerst), anschließend die vier anwesenden Gemeinderäte der weit entfernten Gemeinde, darauf jene der gastgebenden Gemeinde, natürlich auch die Funktionärinnen und Funktionäre der Kammer, streng nach Rang, und die Veranstalter, die Helferleins und zuletzt, wenn überhaupt, die Vertreterinnen und Vertreter des politischen Mitbewerbs. Dauer? Gut und gerne zwanzig Minuten – der Wechsel der Grußformeln unterliegt auch hier keinem Zufall, auf Applaus muss gewartet werden, manche Begrüßten möchten sich auch erheben und zeigen …

Mein Vorschlag, einfach alle Anwesenden mit einem Gruß willkommen zu heißen, fiel in dieser Landschaft nicht gerade auf fruchtbaren Boden, um es vorsichtig zu formulieren. Aber spannend, wie unglaublich wichtig es dieser Sozietät ist, beim Grüßen nur ja nichts falsch zu machen.

Ernst gemeint und doch zum Schmunzeln

Bei SIEMENS wurde 1986 folgender Text an die Belegschaft verschickt (er ist problemlos im Internet zu finden, einfach Siemens und Grußrichtlinie googeln):

»In Ermangelung einheitlicher Regelungen und gesetzlicher Bestimmungen sind die innerbetrieblichen Grußgewohnheiten völlig dem Zufall überlassen. Dies führt zwangsläufig immer wieder zu Missverständnissen, Untergrabung der Autorität, Spannung zwischen Gleichgestellten, zwischen Vorgesetzten und Untergebenen, Jüngeren und Älteren wie männlichen und weiblichen Beschäftigten. Um diesen Missstand zu beseitigen, wurde vom arbeitspsychologischen und arbeitspädagogischen Arbeitskreis eine Grußordnung erarbeitet, die alle Fragen des Grüßens im Betrieb erschöpfend behandelt … Es ist zu unterscheiden zwischen Grußrecht und Grußpflicht.«

Ist das nicht großartig? Dazu gibt es eine Anleitung, wie zu grüßen ist, wenn man als Vorgesetzter gegenüber Mitarbeitern das Grußrecht beziehungsweise auf gleicher Ebene die Frau gegenüber dem Mann ein Grußrecht hat. Achtung: Dieses Recht muss laut Anleitung nicht immer ausgeübt werden – hier die Details:

»Der Grußberechtigte grüßt anders als der Grußpflichtige, und zwar abgestuft je nach Stimmung durch stummes Kopfnicken, freundliches Kopfnicken, lächelndes Kopfnicken. Folgende Grußformeln: »Na« und »Na, wie geht's« oder »Da sind Sie ja wieder« oder »Ich habe Sie lange nicht gesehen«.

Worauf gilt es für den Grußpflichtigen zu achten?

»Der Grußpflichtige grüßt grundsätzlich, es sei denn, der Grußberechtigte gibt ihm zu verstehen, daß sich ein Gruß erübrigt. Bis 10 Uhr Guten Morgen, ab dann bis 11 Uhr Guten Tag, dann bis 14 Uhr Mahlzeit samt leichter Neigung des Oberkörpers (!), in Folge bis 16 Uhr Guten Tag und ab dann Auf Wiedersehen. In der Winterzeit nach 17 Uhr auch Guten Abend, ab 23 Uhr für Schichtarbeiter Gute Nacht.«

In Süddeutschland dürfen Grußpflichtige je nach lokalem Brauch statt mit Entbietung der Tageszeit auch mit »Grüß Gott« grüßen.

Wunderschön der folgende Absatz:

»Begrüßt ein Grußberechtigter einen Grußpflichtigen mit »Wie geht es Ihnen« oder gar mit »Kann ich etwas für Sie tun?«, so hat der Grußpflichtige nicht daraus abzuleiten, dass tatsächlich eine Frage an ihn gerichtet worden ist, die eine Antwort erheischt.«

Wenn drei aufeinandertreffen, so muss der Grußpflichtige den Grußberechtigten mit Namen grüßen, damit er nicht auch den ebenso Grußpflichtigen Dritten zu grüßen verpflichtet ist, der am Ende ihm gegenüber grußpflichtig ist.

Zwei Schmankerl noch aus der SIEMENS-Welt von damals:

»Auf Toiletten gelten Grußrechte und Grußpflichten uneingeschränkt ... ein Mahlzeit wird jedoch mit einem Vormittagsgruß ersetzt.«

»Grußpflichtige können nur durch amtsärztliches Attest von der Grußpflicht entbunden werden.«

Ein Konzern, der für funktionierende Technik steht, darf nichts dem Zufall überlassen. Da ist es doch nur schlüssig, auch das Grüßen zu regeln, auf dass es nicht zu internen Verwerfungen komme.

Plauderbühne oder: Interpersonal Space

Die weiten Gänge und Stiegenhäuser dienen nicht nur der Statuspräsentation via Gehgeschwindigkeit, sondern sind auch Bühne für miteinander plaudernde Mitarbeiterinnen und Mitarbeiter. In kleinen Gruppen stehen sie beieinander, scherzen und tauschen sich bezüglich des neuesten Tratsches aus. Immer wieder stehen auch nur zwei Personen zusammen und führen mehr oder weniger intensive Gespräche.

Was fällt dem Verhaltensforscher hier auf? Wie immer interessiert er sich für die messbaren Sachen. Und beim gemeinsamen Herumstehen lässt sich der Abstand zwischen den einzelnen Menschen sehr gut bestimmen. Wir Biologen nennen diesen Abstand den *Interpersonal Space*.

Der intime Bereich eines Mitmenschen hat einen Radius von etwa 46 Zentimetern. Dieser Bereich wird psychologisch als der eigene, einem zustehende Raum empfunden. Diesen Raum dürfen nur jene Menschen »betreten«, die uns sehr nahestehen. Es sind engste Freunde und Familienmitglieder, denen wir etwas ins Ohr flüstern, die wir zur Begrüßung umarmen oder denen wir beim Gespräch Fussel von der Kleidung zupfen. In der Regel halten sich engste Freunde und Familienmitglieder jedoch innerhalb eines weiter gefassten Bereichs auf, dem persönlichen Bereich: Dessen Radius ist gut und gerne 122 Zentimeter groß. Bei Bekannten weicht man etwas weiter auseinander, der Interpersonal Space schwillt auf bis zu 370 Zentimeter an. Man nennt diesen Bereich den sozialen Bereich. Über diesen hinaus führt der öffentliche Bereich, wenn man Reden hält oder präsentiert.

Dazu sei gesagt, dass die Abstände zwischen den Menschen kulturell variieren, es gibt ein Nord-Süd-Gefälle: Je weiter man auf der Nordhalbkugel in den Süden geht, desto näher stehen die Menschen beieinander, je weiter man in den Norden geht, desto distanzierter sind sie.

Verantwortlich für unser Empfinden für Nähe und Distanz zeichnet eine Struktur in unserem Gehirn, der Mandelkern oder Amygdala. Dringt jemand in den persönlichen Bereich eines Menschen ein, kann man eine starke Aktivierung der Amygdala messen. Bei Menschen, die keine Amygdala mehr haben – aus welchem Grund auch immer –, fehlt diese Aktivierung und sie empfinden die Nähe Fremder nicht als unangenehm. Bei Affen ist dies übrigens genauso.

Aber nicht nur der lineare Abstand zu einem Mitmenschen sagt etwas über die Beziehung zweier Menschen zueinander aus. Auch das Ausmaß, wie sehr sie körperlich zueinander positioniert sind, steht für Nähe und Distanz. Verbinden wir die Schultern eines Menschen gedanklich durch eine Linie, und machen dies ebenso mit den Schultern des zweiten Menschen, so kann man den Winkel zwischen diesen Linien messen. Je näher einander zwei Personen sind, desto geringer ist dieser Winkel. Wer sich mag, öffnet sich seinem Gegenüber. Je größer die Abneigung oder Distanz zwischen zwei Menschen ist, desto mehr drehen sich die Oberkörper voneinander weg, orientieren sich im Raum woanders hin.

Dieses Maß kann auch stellvertretend für die lineare Distanz stehen, speziell, wenn zum Beispiel in einem Meeting kein Platz ist, um den Abstand zu einem Kontrahenten zu vergrößern. Dann dreht man sich leicht bis stark voneinander weg.

- Herr Bimhof und Herr Göde stehen sehr nahe beieinander. Sie stecken die Köpfe zusammen, sind jeweils im intimen Bereich des anderen und tauschen flüsternd die *latest news* aus. Schmidt legt Wagner die Hand auf die Schulter. Man sieht, dass die beiden einander vertraut sind – ob sie einander auch vertrauen, ist eine andere Geschichte.

- Frau Alkafaci und Herr Bachheimer-Hofmann unterhalten sich oberflächlich über ein Projekt, das demnächst aktuell wird. Sie stehen gut zwei Meter auseinander und zeigen nur wenig Blickkontakt. Sie sind keine Konkurrenten im Unternehmen, pflegen einen professionellen Umgang.

- Frau Jahn und Herr Rachimov hingegen vollführen einen Tanz: Immer wenn er sich ein wenig im Gespräch zu ihr vorneigt, geht sie ein wenig zurück. Er spricht freundlich, aber heftig auf sie ein, sie jedoch dreht sich weit aus einer parallelen Schulterachsenposition heraus. Deutlich zeigt sie ihre Unlust, dieses Gespräch zu führen.

- Im Rahmen seiner Vorbereitung zur Präsentation schreitet Fritz Pief die Bühne auf und ab und stellt fest, dass für ihn das Publikum zu weit weg ist. Er veranlasst, die letzten zwei Sesselreihen nach vorne bringen zu lassen, damit er seiner Audienz näher sein kann. Er braucht diese Nähe, um später beim Präsentieren gut kontakten zu können.

- Der neue Mitarbeiter wird in das Zimmer vom Geschäftsführer gebeten. Er klopft vorsichtig an, tritt ein, bleibt mit großem Abstand zum hinter dessen

Tisch sitzenden Chef stehen und grüßt freundlich-schüchtern. Der Chef spürt die Distanz und geht auf seinen neuen Mitarbeiter zu. Er kommt so nahe, dass er ihm die Hand reichen kann. Und er kommt noch näher, um ihn auch am Oberarm anzufassen. Er signalisiert Nahbarkeit. Der Mitarbeiter fühlt sich schon wohler. Wobei – ein bisschen mehr Distanz wäre auch nicht schlecht ...

Wer ein wenig übt, entwickelt schnell einen Blick für den Interpersonal Space und kann daraus seine Schlüsse ziehen. Damit können wir Antworten ableiten, Zukünftiges vorwegnehmen und bereits erste Gedankenexperimente zu den beobachteten Kolleginnen und Kollegen anstellen. Hat das etwa etwas zu bedeuten, dass sich die Abteilungsleiterin Controlling beim Marketingleiter-Stellvertreter einhängt?

HOMO POWERPOINTIENSIS
oder: Alles ist Präsentation

Neandertaler hatten kein PowerPoint ... und Prezi schon gar nicht!

Wenn wir uns gemeinsam überlegen, wie Kommunikation zwischen Menschen funktioniert, wenn wir gemeinsam dazu Notwendiges von all dem Tand befreien, den uns manche Kommunikationsberater verkaufen, bleiben einige wenige funktionierende Grundmechanismen über, die für gelungene Kommunikation verantwortlich sind. Dazu ist es von Vorteil, zu wissen, wie Sinnesorgane funktionieren, was das empathische System ist und wie das alles mit der Erfindung der Lüge zusammenhängt. Und überhaupt: Es gibt da ein paar Sachen, die man wissen sollte, bevor man vor Menschen spricht.

Was man wissen sollte, bevor man vor Menschen spricht

Auf der Suche nach Hilfsmitteln, um sich besser auszudrücken, knapper zu kommunizieren und Mitmenschen von eigenen Ideen zu überzeugen, entwickelten die modernen

Menschen Visualisierungen. Piktogramme zum Beispiel sind nahezu weltweit verständlich (Wickelraum, Toilette, Dusche, kein Feuer usw.), Verkehrsschilder regeln den Verkehr und Gemälde erzählen Geschichten und stellen Geschichte dar.

In Schulen wurde mit Kreide auf Tafeln geschrieben und gezeichnet, im Business und auf Universitäten wurden erst Flipcharts beschrieben, dann transparente Folien bedruckt und via Overheadprojektoren zur Darstellung diverser Inhalte verwendet. Es war durchaus trickreich und mühsam, seinen Folienstapel von einer Schachtel in die nächste abzuarbeiten. Diese Kompetenz zu lehren wurde zum Geschäftsmodell von Präsentationstrainingsunternehmen und deren Trainer. Ich selbst habe noch das Hantieren mit bedruckten Folien gelernt und gelehrt.

Im Zuge der Vercomputerisierung dieser Welt wurden Programme entwickelt, welche halfen, ansprechende Folien zu entwickeln und auszudrucken. Letztendlich wurden Overheadprojektoren von Beamern abgelöst, Folien wurden nicht mehr ausgedruckt, sondern gleich auf Projektionsflächen projiziert. Seither sprechen wir von Slides, auch wenn sich das deutsche Wort Folie hartnäckig hält.

Diese Programme eröffneten den Usern auf einmal eine scheinbar endlose Palette an Farb-, Schrift- und Animationssystemen. Jeder konnte beweisen, wie kreativ und geschmackssicher er ist. Es entstanden Design-Schulen – so konnte man Präsentationen von Medizinern und Pharmazeuten sofort am dunklen Hintergrund und der hellen Schrift erkennen, auch an den überbordenden Animationen und als witzig empfundenen Bildchen.

PowerPoint wurde zum Selbstzweck, jeder fuhrwerkte nach Belieben herum und empfand sich als ausreichend kompetent, dies auch zu tun. Ich möchte nicht wissen, welche unendlich großen Summen an Arbeitszeit für das Erstellen und Abhalten von PowerPoint-Präsentationen verbraten wurden. Hauptsache, man konnte in zwei Stunden 347 Slides abarbeiten, dann war die Präsentation gut und richtig.

Die Frage »Was wollen Sie denn eigentlich sagen?«, galt als Frevel und durfte nur hinter vorgehaltener Hand gemurmelt werden. Die Frage, welchen Zweck die Präsentation denn habe, wurde als ketzerisch abgetan.

Zusätzlich zu PowerPoint lehrten die Präsentationstrainerinnen und -trainer den multimedialen Einsatz aller verfügbaren Geräte im Raum: Die Agenda wurde auf ein Flipchart geschrieben, Inhalte wurden in PowerPoint vermittelt, Effekte mittels Videoclips und Soundatmosphäre geschaffen, auf Whiteboards wurden die Fragen gesammelt, auf Pinnwänden wesentliche Botschaften verewigt und Gegenstände wurden im Kreis weitergereicht. Ein guter Präsentator bediente so ziemlich jeden Informationskanal, der nur irgendwie denkbar war. Jeden? Nein, den wesentlichen hatten die meisten längst vergessen – sich selbst. Wir hatten auf uns vergessen.

Things have changed: Schön langsam machte sich die Frage »Haben Sie PowerPoint oder haben Sie etwas zu sagen« in Unternehmen breit. Viele Führungskräfte haben die Lust verloren, sich stundenlang Slide um Slide um die Ohren hauen zu lassen, sie wollen einen straighteren Weg hin zur Information. Doch was einmal gelernt und etabliert wurde, geht nicht so schnell aus den Köpfen wieder hinaus. Unternehmenskulturen sind hochresilient!

Infolge dieser Entwicklung wurde ich als Präsentationstrainer immer öfter mit der Bitte gebucht, den Head-ofs, also Bereichsleitern, kürzeres Präsentieren beizubringen. Die Führungskräfte wollten prägnanter informiert werden, nicht mehr zig Slides vorgeführt bekommen, und am Ende der Präsentation wissen, was der Präsentator eigentlich sagen wollte. Was für ein Unterfangen ... wähnten die Head-ofs sich doch auf der sicheren Seite, da sie meinten, so zu präsentieren, wie sie es von den Vorständen her kennen. Ein nettes

Dilemma für mich als Trainer, denn eine Unternehmenskultur zu verändern, dazu braucht es mehr als ein paar Stunden intensiven Präsentationstrainings.

Evolution des Misstrauens – schuld ist die Lüge

Wir Menschen haben uns gut und gerne zwei Millionen Jahre lang bestens verständigt. Zwar ohne Sprache, wie wir sie heute kennen, aber nonverbal, mit gutturalen Grunzgeräuschen, Schmatz- und Schnalztönen und viel Gestik, Mimik und Haltung. Wir brauchten kein Futur II und kein Gerundium, geschweige denn vom Konjunktiv im Nebensatz der indirekten Rede. Erst fehlten uns die genetischen wie auch anatomischen Möglichkeiten zu sprechen, doch das änderte sich mit der Zeit: Ein für ein Protein zuständiges Gen namens FOXP2-Gen änderte sich vor rund 400.000 Jahren – es mutierte. Dieses Protein reguliert rund 1.000 andere Gene und ist für das Erlernen komplexer, motorischer Fähigkeiten mitverantwortlich. Und Sprechen ist so eine hochkomplexe, motorisch immens diffizile Fähigkeit, die man erst mühsam erlernen muss. Fällt das FOXP2 aus, führt dies zu dramatischen Sprach- und Sprechstörungen. Doch wir haben es ja jetzt und wir haben auch die anatomischen Veränderungen hinter uns gebracht, die ein sauberes Sprechen erst ermöglicht haben: Ein aufgewölbterer Gaumen für eine frei beweglichere Zunge, ein abgesenkter Kehlkopf und damit ein neues Zusammenspiel von Rachenraum, Mundhöhle, Nasenhöhle, Gaumensegel, Lippen und Zunge, um Vokale und Konsonanten erzeugen zu können. Das alles dauerte seine Zeit.

Zwei Millionen Jahre sprachlos – das muss man sich erst einmal vorstellen. Und dann, vor lächerlichen 40.000

bis 60.000 Jahren, sollen es gerne auch 100.000 Jahre sein, haben wir Menschen die Sprache entwickelt. Das ist erst einen Wimpernschlag lang her. Die Sprache, mit Hauptwort, Zeitwort und Objekt ist so unglaublich jung, dass wir damit noch gar nicht richtig umgehen können – aber dazu später. Denn das vorweg Wichtige ist:

Mit der Erfindung der Sprache kam auch die Lüge auf diesen Planeten! Erstmals konnte so richtig schön drauflosgelogen werden, dass sich die Balken nur so bogen. Versuchen Sie einmal, jemanden nonverbal anzulügen – das geht kaum. Sie können wen in die falsche Richtung schicken, oder so tun, als ob irgendetwas gut schmecke, aber damit hat es sich schon. Erst mit der Erfindung der Sprache hatte die Lüge ihren Platz am Planeten Erde. Und die Lüge ist so billig – sie kostet den Lügner vorerst nichts. Man kann einfach alles sagen und behaupten, was einem so einfällt. Ich bin zwei Meter groß, habe Muskeln wie Schwarzenegger und bin schlau wie Wittgenstein ... ist schnell formuliert, kostet mich keinen Aufwand. Lügen war und ist billig, vorerst.

Es gibt in der Evolution in der Regel keine Dynamik ohne eine sich einsetzende Gegendynamik. Wir Menschen entwickelten uns, seit es Lügen gibt, zu Lügendetektoren. Wir haben solche Angst davor, belogen zu werden, dass wir gelernt haben, Lügen möglichst rasch zu erkennen. Denn der Preis, angelogen zu werden, kann sehr hoch sein! Dem Lügner entstehen vorerst keine Kosten, dem Angeschmierten in der Regel schon. Und wer möchte schon diese Kosten tragen?

Natürlich tragen auch Lügner Kosten: Wenn sie beim Lügen erwischt werden, sinken sie innerhalb ihrer sozialen Gruppe in der Glaubwürdigkeit. Das lehren Eltern bereits ihren Kindern: Wer dreimal lügt, dem glaubt man nicht! Der Tratsch innerhalb einer Gruppe spielt da natürlich eine große Rolle, wenn es um das Punzieren vom Mitmenschen hinsichtlich ihrer Glaubwürdigkeit geht. Lügner müssen mit langfristigen Auswirkungen rechnen, wenn sie überführt werden.

Wenn also eine Führungskraft nicht irgendwann tatsächlich die versprochenen Boni oder Prämien für besondere Leistungen auszahlt, werden diese Instrumente der Motivation nicht lange greifen und die Mitarbeiter werden sich nach einer neuen Arbeitsstätte umschauen.

Vorrang für das Auge!

Also Lügendetektor: Immer dann, wenn wir etwas hören, dass sich nicht mit dem deckt, was wir sehen, glauben wir dem in der Kommunikation älteren Sinn, dem Auge. Das Auge hat uns immerhin zwei Millionen Jahre lang nicht betrogen. Was wir sehen, ist real. Wenn also ein Mensch im grauen Anzug behauptet, er trage einen weißen Anzug, erreichen zwei verschiedene Botschaften das Gehirn des Betrachters/Zuhörers: Das Ohr sagt dem Hirn: weißer Anzug. Die Augen sagen dem Hirn: grauer Anzug. Wem glaubt das Hirn? Natürlich den Augen.

Seit es Lügen gibt, scannen wir unsere Gegenüber dahingehend ab, ob es irgendeinen Hinweis gibt, dass das Gesagte nicht stimmt. Aus Angst davor, belogen zu werden, sind wir grundsätzlich skeptisch. Wir sind tatsächlich eher bereit, uns in der Skepsis zu irren. Womöglich glauben wir jemandem nicht, obwohl er die Wahrheit sagt. Pech, vielleicht entgeht uns ein kleiner Vorteil. Aber lieber das, als jemandem zu glauben, der uns hinters Licht führen will. Das kann immense Kosten verursachen. Wir sind grundskeptisch und scheuen das Risiko – womöglich unsere Erfolgsstrategie?

Zusammenfassend: Wenn wir etwas hören – und das deckt sich inhaltlich nicht mit dem, was wir sehen, dann schalten wir das Ohr quasi ab und konzentrieren uns auf den visuellen Input. Dem können wir nämlich vertrauen (glauben wir).

Aber was bedeutet das für Präsentationen? Alles, es gibt eigentlich keinen Aspekt, der nicht darauf begründet ist. Von der Inszenierung, über die Begrüßung, hin zur Körpersprache und letztendlich auch beim Slide-Design: Wir nehmen all das skeptisch wahr und rastern den Präsentator und dessen Slides auf optisch-auditive Dissonanzen hin ab – und wehe, das Gesamtbild ist nicht kongruent …!

Gut inszeniert ist halb gewonnen …

Jetzt ist Herr Multschnig an der Reihe mit seiner Präsentation. Er schnappt sein Notebook, springt förmlich von seinem Platz auf und geht dynamisch forsch nach vorne. Er spürt die Blicke der Anwesenden, die ihn verunsichern. Die Verunsicherung versucht er durch Lässig- und Witzigkeit zu übertünchen. Natürlich gelingt es ihm nicht gleich, Notebook und Beamer so miteinander zu verbinden, dass auch ein Bild an der Wand entsteht. Jetzt fängt er zu schwitzen an, man sieht dies deutlich am Hemd, er macht ein paar laue Witze über die Technik im Rahmen seiner Begrüßung und spürt, wie erbärmlich er gerade von allen wahrgenommen wird.

Wann tritt jemand im Rahmen einer Präsentation, eines Vortrags in Szene? Ein Vortrag oder eine Präsentation beginnt nicht erst dann, wenn wir das erste Wort sprechen, sondern lange davor. Die im Saal anwesenden Menschen betrachten den Vortragenden beim Nach-vorne-Gehen, bei der Art und Weise, wie er sich positioniert und wie er seine Präsentation organisiert. Genug Zeit für das Publikum, einen Präsentator zu kategorisieren. Dies gilt natürlich auch für

Moderationen, Reden oder andere Gelegenheiten, in deren Rahmen man vor anderen sprichwörtlich in Erscheinung tritt.

Wie geht der Mensch nach vorne? Schreitet er in großen oder tippelt sie in kleinen Schritten nach vorne? Schleicht er wie ein geschlagener Hund oder hämmert sie jeden ihrer Schritte in den Boden? Wie aufrecht gibt sich die Person, wie sehr stellt sie sich dem Publikum? Nimmt er gleich Blickkontakt auf oder trachtet sie danach, möglichst lange mit niemandem da draußen Blickkontakt zu haben?

Es ist gar nicht so einfach, ganz normal und locker nach vorne zu gehen, wenn man dabei viele Augenpaare auf sich gerichtet spürt! Sehr viele meiner Kunden versuchten dann, vor dem Training besonders locker und lässig zu wirken und begannen, mit den Fersen bei jedem Schritt ein wenig zu klackern ... schrecklich! Andere bewegten sich wie Cowboys nach einem Vier-Stunden-Ritt.

Zu unüberwindbaren Hürden formen sich häufig ein paar Stufen aus – kaum jemand, der sich die Chance entgehen lässt, dort nicht zu stolpern, daraufhin rot anzulaufen und dem Vorfall mehr Bedeutung zu geben als notwendig wäre – nämlich keine.

Die meisten Präsentatoren fangen bereits mit den letzten Schritten am Weg zur Präsentationsposition zu begrüßen an und legen mit ihren Inhalten los.

Zur gelungenen Inszenierung gehört die Wahl einer opportunen Kleidung: Die Frage danach, wie man sich am besten kleidet, gehört zu den in Trainings intensivst diskutierten Fragen. Die meisten meinen, sich besonders fesch oder besonders wertvoll kleiden zu müssen. Sie möchten etwas hermachen, wenn sie zu anderen sprechen. Das ist prinzipiell schon richtig. Denn wir Menschen trauen anderen Menschen mehr Kompetenz zu, wenn diese attraktiv sind. Bereits in der Schule bekommen hübschere Mädchen die besseren Noten. Und unter Führungskräften sind die Männer im Schnitt immer größer als in den Ebenen darunter. Körpergröße gehört bei Männern zu den Attraktivitätskriterien, ebenso breite Unterkiefer. Und siehe da, unter den Topmanagern sind auch die breitesten Unterkiefer zu finden.

Ein kleiner Einschub zum Thema Attraktivität an dieser Stelle: Die Frage danach, was wir evolutionär betrachtet als attraktiv empfinden, ist relativ leicht zu beantworten. Als attraktiv gelten bei Männern jene Eigenschaften, die auf die Möglichkeit einer guten Versorgung der Familie hinweisen. Dazu war seinerzeit die Physis entscheidend. Wer groß und stark war, hatte wahrscheinlich einen höheren Jagderfolg. Hätten die Männer in der Steinzeit immer nur in niedrigen Höhlen und Erdlöchern gejagt, wäre wahrscheinlich kleiner Körperwuchs für Frauen attraktiv. Auch hilft den Männern ein kräftiger Körper, wenn es um den Rang und Status in der Gruppe geht. Und wer da weiter oben steht, hat wiederum einen besseren Zugang zu diversen Ressourcen – was erneut für Frauen hochattraktiv ist. Als attraktiv wird empfunden, was auf besseren Ressourcenzugang hinweist.

Bei Frauen gelten hingegen jene Eigenschaften für Männer als attraktiv, die auf einen gesunden Körper hinweisen. Eine schöne Haut, ein gerade gewachsener Körper, gut im Futter und möglichst nicht krank. Es geht um Signale der Fruchtbarkeit und der Fähigkeit, Geburten zu überleben und dann die Kinder mehrere Jahre aufziehen zu können. Alle Signale, die darauf hinweisen, gelten für Männer als attraktiv. Schöne Haare, schöne Nägel, schöne Haut, gesundes Gebiss … all diese Eigenschaften deuten auf eine gute Ernährung hin, lassen auf eine gewisse Parasistenresistenz hoffen und signalisieren ein Versprechen an die Zukunft: Ich schaffe das!

Wir Menschen versuchen den Status eines Mannes an seiner Körpergröße zu erkennen. Lässt man zwei gleich große Männer bezüglich ihrer Körpergröße schätzen und versorgt die Schätzenden mit der Zusatzinformation, dass einer der beiden Bankdirektor und der andere sein Fahrer sei, geht die Größenschätzung klar zu Gunsten des Direktors aus: Dieser wird um ein paar Zentimeter größer eingeschätzt als der vermeintliche Chauffeur. So tief sind diese Vorurteile verankert! Sich groß zu machen, bedeutet damit auch, einen Status vorzugeben – und mit dem Status einhergehend die entsprechende Kompetenz.

Meine Empfehlung an Frauen und Männer, die präsentieren oder ein Interview geben müssen: Seien Sie so attraktiv wie möglich, ohne es vordergründig zum Thema zu machen. Wenn sich das Publikum nach der Präsentation an Ihre Kleidung erinnern kann, war sie falsch gewählt.

Eitelkeiten mögen die Menschen nicht! Wer als eitel entlarvt wird, sinkt im Ansehen gewaltig. Wer möchte einem anderen zusehen, der sich selbst dabei gut und geil findet? Es ist daher durchaus eine Kunst, maximal attraktiv zu sein, ohne dies zum Thema zu machen. Prinzipiell: Weniger ist mehr. Im Zweifel weniger Schmuck, im Zweifel den weniger schicken Anzug, im Zweifel die dezenteren Schuhe, im Zweifel die unauffälligere Frisur. Denn was hat der oder die Vortragende davon, dass sich Wochen später jeder an die Kleidung, die Frisur, an das Brillenmodell erinnern kann, nicht jedoch, was man konkret zu sagen hatte? Niente.

Wer durch Kleidung, Accessoires, betonte Zeitgeistigkeit oder Ähnliches etwas darstellen möchte, das er möglicherweise nicht ist, wird sofort entlarvt. Wie will jemand Glaubwürdigkeit von der Audienz verliehen bekommen, wenn bereits der erste Eindruck jener ist, der einen Unterschied zwischen Sein und Schein offensichtlich macht? Der Verdacht, dass auch die kommenden Inhalte des Vortrags möglicherweise ähnlich »frisiert« sind, ist berechtigt. Ohne glaubwürdige Wirkung braucht man in Wahrheit gar nicht erst zu präsentieren zu beginnen.

Wer also im Rahmen seines Vortrags am Publikum vorbei nach vorne zum Rednerpult geht, wird in dieser Phase schon »abgeklopft«. Wer etwas darstellen möchte, wird runtergerankt, wer bei sich bleibt, fängt zumindest ohne Startnachteil an. Cool bleiben!

Eine typische Szene wie gehabt: Herr Multschnig geht nach vorne, bemerkt, dass die Technik nicht ganz so funktioniert, und fängt zu witzeln an, während er verzweifelt versucht, ein Bild an die Wand zu projizieren. Doch es hilft das Witzeln nicht. Noch immer ist nichts zu sehen. Jetzt fängt Multschnig einfach an, seine Inhalte zu bringen, während er weiterhin, jetzt schon schwer schwitzend, versucht, eine Kommunikation zwischen Notebook und Beamer herzustellen. Er begrüßt »herzlich«, hat dabei aber den Blick auf das Notebook gerichtet, und fängt an, in medias res zu gehen. Diese Inhalte gehen natürlich verloren, der Präsentator wird als unprofessionell abgestempelt und wird es in Zukunft schwer haben, sein Image zu drehen. So geht es nicht.

Regel Nr. 1: Beim Technik-Check ist tunlichst zu schweigen – oder um Hilfe zu bitten. Regel Nr. 2: Trennen Sie Ihre Präsentation dramaturgisch scharf von Ihrer Vorbereitung vor dem Publikum. Es darf da zu keiner Überlappung zwischen Vorbereitung und Präsentation kommen! Was trennt die beiden?

Wenn Sie Ihrem Publikum verdeutlichen möchten, was zur Präsentation gehört und was noch nicht, beachten Sie vor den ersten Worten ein paar Dinge:

- Richten Sie sich Ihre Bühne/Ihren Präsentationsbereich schweigend her.
- Auch der Technik-Check muss stumm erfolgen.
- Kein Blickkontakt mit dem Publikum.
- Letztes Zurechtzupfen der Kleidung ...

Erst wenn Sie wissen, dass alles passt, können Sie dem Publikum den nahenden Beginn des Vortrags nonverbal signalisieren: Sie beziehen dazu Ihre Position in der räumlichen Mitte der Bühne und machen ein bis zwei Schritte nach vorne. Dort bleiben Sie stehen und schauen freundlich und ruhig in die Runde, hören in Ihre Emotionen hinein, warten einige Sekunden und begrüßen dann den Emotionen entsprechend – oder formulieren eine (kreative) Herleitung des Themas.

Es ist von großer Bedeutung, einen scharfen, dramaturgischen Schnitt zwischen dem Herrichten der Bühne und dem tatsächlichen Beginn zu machen. Es muss allen im Raum klar sein, was »Vorgeplänkel« und was eigentliche Präsentation ist. Fließende Übergänge betrachte ich als elend. Sie schaffen keinen Kontrast, und ohne Kontrast gibt es keine Aufmerksamkeit (siehe Kapitel »Aufmerksamkeit«, Seite 108).

Gehen wir einmal davon aus, dass der Präsentator im Rahmen seiner Erscheinung glaubwürdig wirkt. Die erste Grundvoraussetzung ist erfüllt. Jetzt geht es weiter zur Begrüßung.

Ein Vortrag oder eine Präsentation beginnt in der Regel mit einer Begrüßung – wiewohl es auch anders und besser geht – aber darum geht es jetzt (noch) nicht.

Erneut dreht sich alles um Glaubwürdigkeit! Wenn wir im Rahmen der Begrüßung, des Starts in die Präsentation, bereits Signale und Botschaften senden, die einander nicht decken, die einander womöglich widersprechen, werden wir vom Publikum keine Glaubwürdigkeit attestiert bekommen. Wenn wir »Herzlich willkommen« sagen und dabei nonverbal keinerlei Herzlichkeit transportieren, ist diese Eröffnung sogleich als Floskel enttarnt. Wenn jemand sagt, dass er sich sehr freut, heute und hier sprechen zu dürfen, und sein Publikum merkt ihm diese Freude nicht an, dann spüren wir, dass dieser Mensch uns etwas vormacht. Und wer möchte schon etwas vorgemacht bekommen? Warum soll man jemandem Glauben schenken, wenn man bereits bei dessen Begrüßung angelogen wird?

Es ist essenziell, sich bei der Begrüßung entweder in die Emotion der Freude zu versetzen, um diese tatsächlich nonverbal auszustrahlen, oder eine Begrüßungsformel zu wählen, die dem persönlichen Status gerade entspricht. Nur raus damit, die Wahrheit ist zumutbar!

Sie können Ihre Nervosität ansprechen, den Zeitdruck, den Ärger ansprechen ... alles besser als ein »Herzlich willkommen« begleitet von einem unechten Lächeln. Ich male mir gerade ein Comic aus, in dem der Kannibalenkönig seine »Gäste« mit einem »Herzlich willkommen« begrüßt und dabei sein falschestes Lächeln aufsetzt – im Hintergrund köchelt schon die Suppe, die nur noch auf die Fleischeinlage wartet ;-) Man muss vorsichtig bleiben.

Das Gleiche gilt natürlich auch für den Dank am Ende einer Präsentation. Und wenn einem nicht nach einer Danksagung ist, ist es besser, diese wegzulassen, anstatt sie zu heucheln.

Es gibt eine Formulierung, die so ziemlich von allen Vortragenden und Präsentatorinnen verwendet wird: »Vielen Dank für Ihre Aufmerksamkeit!« Ich hasse sie. Erstens, weil sie wirklich von allen verwendet wird, zweitens, weil es inhaltlich anmaßend ist. Um die Aufmerksamkeit seiner Zuhörer muss der, der vorne steht, kämpfen, die bekommt er nicht einfach so. Für die Aufmerksamkeit ist er selbst verantwortlich, deshalb braucht er sich nachher nicht dafür bedanken – er hat sie sich erarbeitet!

Wofür können Sie sich bedanken? Für die Einladung, die perfekte Organisation, die nette Betreuung, die während des Vortrags gestellten spannenden Fragen, den schönen Rahmen ... oder Sie lassen ein Objekt des Dankes einfach weg und enden mit einem simplen »Danke«. Wofür, kann sich jeder im Publikum selber aussuchen.

Im Rahmen einer Fragerunde gilt Ähnliches: Mit Grauen erinnere ich mich an die Zeit, als Medienmenschen, Politikerinnen und Führungskräfte die Floskel »vielen Dank für

Ihre Frage« im Rahmen von Diskussionen verwendeten, um Beflissenheit und Höflichkeit gegenüber ihren Gegnern vorzugaukeln. Dasselbe gilt für die Formel »Das ist eine sehr gute Frage« ... um für eine Antwort ein wenig Zeit zu gewinnen und Gesprächsbereitschaft zu signalisieren. Entsetzlich.

Mit welchem Recht bewertet jemand die Qualität einer Frage? Wie kommt jemand dazu, meine Frage zu loben – oder gar zu kritisieren?

Was Sie natürlich zum Ausdruck bringen können, ist die Freude über das Interesse an einem bestimmten Inhalt, den Sie dabei ausformulieren: »Mich freut Ihr Interesse an den eingesetzten statistischen Methoden ...« oder »Schön, dass nicht nur ich den Zusammenhang zwischen Transportwegen und Lebensqualität spannend finde ...«. Solche Formulierungen stellen stets eine sehr persönliche Wertschöpfung für einen Themenaspekt dar, aber sie loben die Frage nicht! Big difference!

Die Frage nach der Authentizität ...

Seit dem Jahr 2000 lehre und trainiere ich Mitmenschen zweckorientiertes Präsentieren, das Geben prägnanter Interviews und das Halten zündender Reden. Und kein Training kommt ohne die Frage nach der Authentizität aus. Meist wird die Frage danach von Personen gestellt, die nur sehr ungern ihre Komfortzone verlassen und sich ein wenig gegen Neues spreizen. Sie bringen die Authentizität immer dann als Argument, wenn sie ein neues Verhalten ausprobieren sollten. Hier meine Sicht der Dinge dazu: Bevor man etwas authentisch macht, muss man es können! Authentizität ist die persönliche, individuelle Ausformung eines Verhaltens:

Erst muss man laufen lernen, bevor man einen individuellen Laufstil kreiert. Erst muss man eine Tennis-Vorhand lernen, um im Zuge dessen einen eigenen Schlagstil zu entwickeln. Erst muss man Skifahren lernen, um dann einen ganz persönlichen Schwung zu fahren. Und immer gibt es eine zugrundeliegende Technik – eine Technik, die funktioniert! Das gilt natürlich auch für rhetorische Tricks, bewusst eingesetzte Gesten und die Ausformung einer Rede.

Was Authentizität für mich auf jeden Fall nicht ist: Das bewusste Nicht-lernen-Wollen, mit dem Argument, man wäre dann nicht mehr authentisch. Erst mal schön die Via Dolorosa des Lernens gehen, dann kann man authentisch sein ... vorher nicht. Das musste jetzt einmal gesagt werden.

Mit dem Gefühlsradar durch den Büro-Dschungel

Herr Pridi möchte heute seine Abteilungsleiterin wegen eines seiner Ansicht nach notwendigen neuen Vollzeitmitarbeiters ansprechen. Er weiß, dass sie dieses Anliegen grundsätzlich skeptisch sieht und selbst Einsparungsziele erreichen muss. Er ist aber von der Idee überzeugt und kann darstellen, dass ein neues Full Time Equivalent (FTE) die Kosten mehr als hereinspielen würde und damit der neue Markt intensiver bearbeitet werden könnte. Die Chancen auf diesem Markt stiegen gewaltig. Er wartet im Stiegenhaus auf seine Chefin – da kommt sie: Ihr Blick ist ernst bis böse, der Schritt extrem zackig und schnell und der gesamte Körper wirkt stark angespannt. Ihr Blickkontakt ist minimal kurz und der Gruß »Morgen« ebenso auf ein Minimum an emotionalem Aufwand reduziert. Sie macht auf Pridi einen extrem gestressten und übellaunigen Eindruck. Heute wird er sie wohl nicht auf seinen Vorschlag ansprechen. Sein Ansinnen hätte wenig Chancen, auf fruchtbaren Boden zu fallen.

Als wir als Urmenschen noch keine Sprache im heutigen Sinn hatten, brauchten wir ein System, das uns mitteilt, wie es um unsere Mitmenschen bestellt ist: das empathische System. Nach dem berühmten Verhaltensbiologen Paul Ekman ist Empathie unsere Reaktion auf wahrgenommene Emotionen. Wir können die Gefühle anderer erkennen, aber auch nachfühlen. Warum sonst sollten Kinder weinen? Sie lösen damit Mitleid bei den Betrachtern aus und in der Folge Handlungen, welche die Situation des Kindes verbessern. Letztendlich wird der Helfende durch ein echtes Lächeln belohnt – ein Lächeln, das natürlich auch in ihm selbst ein Lächeln auslöst.

Und erkennen wir nicht auch, wie der »Chef« heute drauf ist? Überlegen wir uns nicht genau, wann wir zum Chef gehen, um ihn um etwas zu bitten? Wirkt er genervt, gehetzt und übellaunig, werden wir unser Anliegen wahrscheinlich auf einen anderen Tag verschieben.

Wir haben also eine Art Gefühlsradar, das uns mitteilt, wie es unseren Mitmenschen geht. Und nur dadurch sind wir in der Lage, unser Verhalten auf unsere Mitmenschen hin abzustimmen, deren Reaktionen vorherzusagen und diese mitunter zu manipulieren.

Auf neuronaler Ebene konnte erstmals der Italiener Giacomo Rizzolatti dieses System beweisen. Er entdeckte die Spiegelneuronen. Diese Neuronen »feuern«, wenn wir selbst eine gewisse Emotion zum Beispiel mimisch nach außen tragen. Sie feuern aber genauso, wenn wir jemanden sehen, der diese Emotion gerade zeigt. Es ist mehr als faszinierend, dass unser Körper auf Nervenebene imstande ist, die Emotionen der Mitmenschen in sich abzubilden! Es ist, als ob eine Glühbirne zu leuchten beginnt, weil sie eine andere Glühbirne leuchten sieht.

Sind Sie nervös?

Herr Reichl ist entsetzlich nervös. In 15 Minuten soll er das Halbjahresergebnis und die Zukunftsaussichten präsentieren, die gesamte Führungsebene wird anwesend sein. Er spürt sein Herz laut und heftig schlagen, bemerkt seine trockene Kehle, sieht seine Hände zittern und muss plötzlich überfallsartig auf die Toilette. Er ist nervös. Er richtet sich seine Präsentation her, wartet, bis alle sitzen und fängt dann mit einer Willkommensfloskel an. Er spürt, dass seine Ohren vor Hitze rot leuchten, dass seine Nase Schweißperlen trägt und dass sein Gesicht rote und weiße Flecken zeigt. Nicht die beste Voraussetzung, um zu überzeugen, denkt er sich.

Oft suchen die Wissenschaften Antworten auf bestimmte Fragen, finden dabei aber unerwartet etwas anderes heraus. So wollten Wissenschaftlerinnen zum Beispiel wissen, wie sich Kinder in Kindergärten organisieren. Und während sich Mädchen in losen, sich immer wieder neu zusammensetzenden Spielgemeinschaften einfinden, bauen Buben straff organisierte Hierarchieebenen auf. Es gibt stets einen Chef, und dieser Anführer hat zwei bis drei Vize-Anführer. Diese Vizes haben Freunde und Bekannte, die aber deutlich darunter anzusiedeln sind. Deutlich sichtbar ist das, wenn ein Bub der mittleren Hierarchieebene ein tolles Spielzeug mitbringt. Dieses wird ihm ohne Fragen sofort vom nächst höheren Buben entzogen, dem seinerseits das nunmehrige Statussymbol vom Oberchef abgenommen wird. Der Mitbringer hat da gar nichts dagegen, hofft er doch, dadurch selbst im Ansehen und der Hierarchie aufzusteigen. Das Wohlwollen des Anführers ist ihm wichtig.

Naturwissenschaften dürfen sich aber nicht auf das Beschreiben von Situationen beschränken. Naturwissenschaftler müssen alles messbar machen. Was nicht messbar ist, ist nicht naturwissenschaftlich verwertbar.

Aber wie konnte die Wissenschaftlerin Barbara Hold-Cavell 1992 nun die Hierarchien innerhalb von Bubengruppen in Kindergärten messbar machen? Mit Erlaubnis der Eltern und der Pädagoginnen und Pädagogen (die Einzigen nicht um Erlaubnis Gebetenen waren die Kinder selbst) wurden überall im Kindergarten versteckte Videokameras angebracht und die Kinder wurden die gesamte Zeit über gefilmt. Beim Betrachten des Materials fiel einem Wissenschaftler auf, dass beim Mittagessen, wo alle an einem Tisch sitzen, die gesamte Aufmerksamkeit der Bande auf einen Buben gerichtet war – den Chef. Wo ist er, wann setzt er sich, welche Faxen macht er, wie hält er das Besteck und so weiter. – Heureka! Lasst uns die Zeit messen, die jeder Bub von den anderen angesehen wird! So wurde es gemacht und es stellte sich heraus, dass die in der Hierarchie weiter oben angesiedelten Jungs, also jene mit Durchgriffsrechten, in Summe länger und öfter angesehen wurden. Der Anführer hatte mit Abstand die meiste Aufmerksamkeit. Das Schöne daran: Wir haben es längst in der Sprache. Man sagt, jemand genieße ein hohes Ansehen. Jetzt wissen wir, woher das kommt. Nur ob es wirklich für jeden ein Genuss ist? Wer viel angesehen wird, hat in der Gruppe einen hohen Status.

Warum nervös?

Und schon sind wir mitten im Schlammassel! Was ist, wenn man nur für eine begrenzte Zeit von vielen Menschen angesehen wird? Wenn man das Gefühl hat, diesem Ansehen gar nicht gerecht zu werden? Genau das empfinden viele Menschen, wenn sie vor anderen präsentieren müssen oder eine Rede halten sollen, ja, es beginnt schon bei Vorstellungsrunden in kleinen Workshops oder beim Anstellen im Supermarkt: Wer traut sich laut nach einer weiteren offenen Kassa zu rufen? Auf einmal sind sie die »Anführer« – und die anderen starren sie an, mustern sie kritisch, beobachten jede noch so kleine Bewegung und reagieren intensiv auf Hoppalas. Die erste Reaktion ist meist ein Fluchtreflex, begleitet von Signalen, die der Körper dann aussendet, wenn er nonverbal um Nachsicht, gar Gnade bittet: Das Gesicht und/oder das Dekolleté werden rotweiß fleckig, der Blick wird unstet und meidet Blickkontakte mit der Audienz, die Hände zittern, das Herz rast und pumpt lautstark, der Rachen wird trocken, bei manchen schaltet sich der Verdauungsapparat spontan und intensiv ein ... nicht gerade angenehm, diese Symptomatik. Aber sie steckt in uns drinnen, seit Millionen Jahren. Wie kommt's?

Handlungsalternativen Fight-or-Flight

Wenn unser kognitiver Apparat aus unterschiedlichsten Gründen laut »Alarm« ruft, schütten die Nebennieren, bevollmächtigt vom Nervus sympathicus, ausgesprochen viel Adrenalin und Noradrenalin aus. Sie tun dies, um den Körper auf einen Kampf oder auch auf eine Flucht vorzubereiten. (Siehe dazu auch Seite 19.) Beides, Kampf wie Flucht, dient dem Überleben. Diesen Mechanismus haben nicht wir Menschen erfunden, den kennt die Natur mindestens seit den kieferlosen Urfischen, das dürfte rund 500 Millionen Jahre her sein. Zur Erinnerung: Diese Reaktion auf eine wahrgenommene Gefahr nennen wir Verhaltensbiologen »Fight-or-Flight«. Zu erkennen ist dieser Zustand recht einfach: Die Pupillen sind geweitet, die Haare sträuben sich, die Handflächen sind schwitzig und das Herz pumpt schneller. Das Adrenalin und Noradrenalin sind aber auch dafür verantwortlich, dass sich die zarten Blutgefäße im Gesicht zusammenziehen. Damit entfernen sie das Blut quasi aus dem Gesicht, wodurch man blass, wenn nicht weiß wie ein Leintuch scheint. Dies geschieht insbesondere bei extremer Angst oder Wut. Bei Verlegenheit oder eher milder Wut weiten sich jedoch die Blutgefäße im Gesicht und man wird rot, meist von den Ohren ausgehend.

Was beschreibt weiters eine Fight-or-Flight-Antwort

auf eine gefährliche Situation? Ein deutlicher Abbruch von Blickkontakt, hochfrequentes Zwinkern, hochgezogene Augenbrauen und maximal geweitete Augen sind typische Anzeichen für die Bereitschaft eines Menschen, sich einem Kampf zu stellen oder so rasch wie möglich davonzulaufen.

Wenn wir genau hinschauen, erkennen wir diese Signale bei Menschen, die vor Auftritten oder Präsentationen über Gebühr nervös sind. Es ist das evolutionäre Erbe, das uns rot oder blass werden lässt, das uns den Extraschub an Energie liefert, auf dass wir zittern und aufgeregt von einem Bein auf das andere steigen, und das uns die Hände feucht werden lässt. Jeder hat da so seine Spezialität. Die einen bersten förmlich vor Energie, ihre Beine können nicht stillstehen, die Hände sind ständig in Bewegung und die Augen unstet und nervös. Die anderen sitzen in der Zwischenzeit auf der Toilette. Der Volksmund nennt das »sich vor Angst in die Hosen machen«. Diese armen Menschen reagieren mit intensiver Darmperistaltik auf ihre Nervosität vor ihrem Auftritt. Wehe, wenn kein Klo in der Nähe ...

So, und jetzt ist es dann so weit, man soll sich in einer Gesprächsrunde vorstellen, Ergebnisse nach dem Workshop vor dem Chef und den Kollegen präsentieren oder der Moderator hat einen angekündigt und das Publikum wartet auf die ersten Worte. Es sieht den Präsentator, es sieht ihn schwitzen, es sieht ihn zittern, es hört seinen Frosch im Hals und nimmt das erste verschluckte Satzende wahr. Es sieht die roten Ohren, das fleckige Gesicht, es sieht das nervöse Zappeln am Platz und den Ausweg suchenden Blick. Was aber empfindet es dabei? Wie geht es Homo sapiens sapiens, wenn er sieht, dass es anderen Menschen gerade schlecht geht?

Nummer Eins: Er kann es fühlen! (Siehe auch ab Seite 35.) Dafür sind wahrscheinlich die in den Neunzigern des letzten Jahrtausends in Parma entdeckten Spiegelneuronen verantwortlich. Wissenschaftler konnten zeigen, dass jene Nerven, die für das Senden eines Signals verantwortlich sind, auch dann »feuern«, wenn sie so ein Signal »sehen«. Wir Menschen stehen also in einer ständigen Liveübertragung unseres inneren Zustands mit der Umgebung. Wir sind zur Empathie geboren! Und genau das machen wir uns zunutze, wenn wir vor Nervosität vor einem Vortrag beben.

Nummer Zwei: Wenn wir Signale der Nervosität, der Submission, der Schwäche aussenden, so manipulieren wir damit die Empfänger. Diese werden dadurch nämlich weniger kritisch. Wir manipulieren also unser Gegenüber in unserem Sinn, wenn wir stammeln, zittern und rot werden. Na wunderbar! Was kann uns in so einer Situation Besseres passieren?

Nervosität genießen?

Zeigen wir unsere Nervosität, so senken wir also die Kritikfähigkeit des Publikums, wie der australische Wissenschafter Joseph Paul Forgas 1992 festgestellt hat. Ist das nicht herrlich? So können wir die Nervosität genießen lernen. Auf diese Weise ist es möglich, diese Unmenge an Energie, die uns der eigene Körper zur Verfügung stellt, zu kanalisieren – wenn man nur über die evolutionäre Wirkung dieser Signale Bescheid weiß.

Wir können diesen Prozess auch beschleunigen oder intensivieren: Zusätzlich zu den nonverbalen Signalen, die wir ohnedies nicht unterdrücken können, formulieren wir den momentanen Gemütszustand in ganzen Sätzen. Wir eröffnen einfach den Vortrag damit, dass wir ein, zwei Worte zur eigenen Nervosität verlieren, immer im Zusammenhang mit der Wertschätzung des Publikums, und schon spüren wir förmlich, wie diese Anspannung aus dem Raum weicht. Die Zuseher lehnen sich entspannt zurück und lächeln uns freundlich an. Die wissen genau, wie es einem gerade geht, die kennen das von sich. Und sie empfinden es sympathisch, wenn es einer offen zugibt und nicht einen auf wichtigen Checker macht. Und mit dieser Entspannung im Raum lässt es sich herrlich arbeiten.

Perfektion schafft Widerstand

Denken wir das umgekehrte Szenario. Jemand betritt die Bühne, bar jeder Aufregung, hat womöglich eine oder beide Hände in den Taschen, und legt gleich ungemein souverän los. Er lässt spüren, dass er das kann, dass ihm die Bühne zusteht und dass das natürlich seine angestammte Rolle ist: Wenn der Kuchen spricht, haben die Krümel Pause. Erntet dieses Verhalten Wohlwollen beim Publikum? Mitnichten! Wer mit jeder seiner Fasern Leadership oder gar Überheblichkeit signalisiert, wird vom Publikum extra kritisch gemustert. Jeder darf sich Fehler erlauben, aber nicht der Wichtigtuer, Checker, das Alpha-Männchen. Da warten alle drauf, dass ihm ein Fehler passiert.

Immer wieder erklären mir Kunden, dass sie so Reden schwingen können wollen, wie sie es bei den wirklich großen, berühmten Vorständen auf diversen Veranstaltungen erlebt haben. Eine Hand in der Tasche, den Blick in der Ferne, sichtlich spontan und ausgesprochen selbstsicher ... das wäre ihr Ideal. Es braucht meist nicht lange und wir denken gemeinsam über Wertschätzung, Demut vor der Aufgabe und Perfektion nach. Und schon ändern sich die Bedürfnisse des Kunden. Auf einmal möchte er nicht sich, sondern das Thema zum Thema machen, auf einmal möchte er der erste Diener seiner Botschaft sein, auf einmal erkennt er, dass nur die Bereitschaft, auch Fehler zu machen, den Weg zu wirklich guten Vorträgen öffnet.

Ich kann ganz gut frei sprechen, moderiere Veranstaltungen und präsentiere einfach gerne. Im Zuge von Trainingskostproben, die ich moderieren durfte, gelang mir ein perfekter Nachmittag. Ich war offensichtlich mit dem richtigen Bein in der Früh aufgestanden, war voller Elan und Esprit und mir fiel immer im richtigen Moment eine perfekte, geistreiche Formulierung vor den rund 70 Führungskräften aller Branchen ein. Ich hatte die Zuhörer im Griff und führte ihre Gedanken nach Belieben. Ich konnte den Auftritt bereits währenddessen voll genießen.

Im Anschluss daran traf ich einen uralten Freund aus meiner Pfadfinderzeit im Publikum, den ich sicherlich über 15 Jahre nicht mehr gesehen hatte. Wir umarmten einander, tauschten Freundlichkeiten aus, und dann fragte er mich, ob ich ein Feedback wolle. Ich war natürlich interessiert daran. Er sagte, ich solle aufpassen, nicht zu perfekt zu werden. Mehr nicht. Aber das saß. Ich wusste, was er meinte: Niemand möchte einen Moderator, Redner, Präsentator erleben, der sich selbst während der »Arbeit« gut findet. Der es merkt, wie gut er ankommt. So einfach ist das.

Es geht um die Demut vor der Aufgabe. Vordergründiges, eitles Verhalten stößt hingegen auf Ablehnung. Und es geht um Wertschätzung. Wer sich und nicht das Publikum zum Thema macht, wer keinen Funken Nervosität mehr verspürt, bringt auch nicht mehr die notwendige Wertschätzung für sein Publikum mit. Aber ohne diese Wertschätzung, ohne die Demut vor der Aufgabe, kann es keine gute Rede, keine zündende Präsentation geben. Und die eigene Nervosität ist dafür ein guter Gradmesser. Seien Sie ruhig nervös, es ist ein gutes Zeichen!

Aufmerksamkeit ist alles

Damit Kommunikation überhaupt gelingen kann, braucht es eine gute Darstellung der Umgebung in den Köpfen von uns Menschen. Dazu haben wir unsere Sinnesorgane. Diese machen den lieben langen Tag nichts anderes, als ständig die Umgebung zu messen und uns diese Messergebnisse mitzuteilen: Das Wasser ist kalt, der Vogel dort singt laut, in der Höhle weht kein Wind, Dornen tun weh, ... die Repräsentation der Außenwelt in unserem Inneren erledigen die Sinnesorgane. Koordiniert wird dieser Wust an Informationen vom Gehirn.

Schauen wir genauer nach, so stellen wir fest, dass unsere Sinnesorgane in erster Linie Kontraste messen. Sie interessieren sich für Veränderungen in der Umgebung, zumindest lenkt unser kognitiver Apparat die Aufmerksamkeit stets dorthin, wo gerade eine Veränderung an Messwerten passiert, wo Kontraste entstehen. Was könnte das sein? Zum Beispiel das Auftauchen eines Vogels am sonst leeren Himmel oder ein plötzliches Knacken im Unterholz in einer bis dato komplett stillen Nacht. Man könnte sagen, unsere Sinnesorgane sind kontrastsüchtig. Sie erkennen selbst die kleinsten Veränderungen (Landung einer Mücke auf der Haut), messen extremste Feinheiten und unser Gehirn lenkt die Aufmerksamkeit genau dorthin. Es ist ein Vorteil, das zu wissen, wenn man gut präsentieren können möchte.

Wir sind Augentiere

Wir glauben also, was wir sehen – wir sind Augentiere. Und unsere Augen sind für jene Momente des Lebens gebaut, an denen ausreichend Licht vorhanden ist – wir sind Taglichtlebewesen. Erst seit der Zähmung des Feuers ist es Menschen möglich, auch bei Neumondnächten noch etwas zu erkennen, in dem sie es beleuchten. Ganz prinzipiell tun wir uns mit dem Sehen bei Dunkelheit echt schwer. Anders ist das bei jenen Raubtieren, die uns Millionen Jahre lang das Leben schwergemacht haben, den Raubkatzen. Sie sehen in der Dämmerung und bei Dunkelheit ausgesprochen gut. Dadurch hatten sie gewisse Vorteile gegenüber der schlafenden, oder eben vor Angst nicht schlafenden, möglichen Beute. Was für ein entsetzliches Leben muss das gewesen sein damals in der Savanne Ostafrikas. Die Angst, gefressen zu werden, war wahrscheinlich omnipräsent. Erst mit der Bändigung des Feuers konnten die Menschen ihre höchstwahrscheinliche Ausrottung verhindern und sich jenen selektiven Vorsprung verschaffen, der sie erstmals »über« die anderen Tiere gestellt hat. Unsere Augen blieben jedoch weiterhin für Tageslicht geschaffen, Lagerfeuer-Romantik hin oder her.

Sehen bei Tageslicht bedeutet, dunkle Konturen und Flächen vor einem hellen Hintergrund, dem Himmel oder Horizont, gut erkennen zu können. Dafür ist unser Auge gebaut.

Wir sehen dank der Zapfen und Stäbchen. Das sind jene Zellen auf der Retina, die im Falle der Zapfen für das Farbsehen und im Falle der Stäbchen für das Kontrastsehen verantwortlich sind. Von den Zapfen haben wir rund fünf Millionen Stück, schön zentral angeordnet. Mit ihnen sind wir für den hellen Tag gut gerüstet. Die Stäbchen hingegen helfen uns beim Sehen in der Dämmerung. Wir haben gut und gerne 120 Millionen davon, bis hin zum Rand des Sehfelds angeordnet. Dort helfen sie uns, Bewegungen zu erkennen, sie brauchen dafür nur ein Dreißigstel des Lichts, das die zentralen Zapfen für das Sehen benötigen. Wir können also auf Kosten des Farbsehens in der Dämmerung bei sehr schwachem Licht Bewegung erkennen – eine Grundvoraussetzung für das Überleben, wenn man von Raubtieren, die in der Dunkelheit wirklich gut sehen können, umgeben ist.

Daher eine Bitte, liebe Medizinerinnen und Pharmaunternehmer: Bitte, lasst den Unfug, mit gelber oder weißer

Schrift auf dunkelblauem oder schwarzem Hintergrund Eure PowerPoint-Slides zu schreiben. Das lesen zu können, liegt aus genannten Gründen unseren Augen nicht wirklich. Macht Taglicht-Slides! Nehmt dunkle Schriften und setzt sie auf hellen Grund – dann freut sich das menschliche Auge.

Aus mir unerfindlichen Gründen sind es jene zwei Berufs- bzw. Ausbildungsgruppen, die auf Kongressen gerne und viel PowerPoint beim Präsentieren verwenden – das aber oft mit inversen Kontrasten. Sonst ist mir das eigentlich nie untergekommen.

Unsere Augen liegen nebeneinander. Sie sind für einen horizontalen Horizont ausgerichtet, nicht für einen vertikalen Vertizont. Daraus leitet sich, no na, die klare Empfehlung ab, Slides im Querformat zu gestalten. Und wer jetzt meint, das wäre eh logisch, mag ja recht haben – es gibt aber immer wieder Ausnahmen, die gerne einmal Word-Dokumente projizieren und auf Hochformat setzen. Gottseidank sind sie in der Minderheit.

Unser Gehirn lenkt die Augen automatisch dorthin, wo sich etwas bewegt. Wenn wir bei PowerPoint-Animationen auf bewegte Animationen setzen, ist das für unsere Augen natürlich sexy – wir sehen hin. Ähnliches gilt für Text: Wo etwas zu lesen ist, wollen wir es auch lesen können. Wir haben einen imperativen Lesezwang. Bieten wir nun per PowerPoint viel Text an, so dürfen wir uns als Präsentatoren nicht wundern, wenn die Zuseher das auch lesen wollen. Sie werden also einen etwaigen Blickkontakt mit dem Präsentator abbrechen und lesen, was es zu lesen gibt. Bloß, dass so ein Slide schnell durchgelesen ist und sie sich gleich ein Weiterklicken zum nächsten Slide wünscht. Der Präsentator hinkt tempomäßig den Lesenden hinterher. Während sich diese den nächsten Slide wünschen, leitet er noch die Überschrift her. Ohr und Auge werden demnach nicht gleichzeitig bedient – schlecht für das Ohr, schlecht für den Präsentator: Er verliert die Aufmerksamkeit der Zuseher, die sich zu langweilen beginnen oder ungeduldig werden. Und was macht der unerfahrene Präsentator nun? Er bemerkt, dass er für Mitlesende zu langsam ist und spricht immer schneller und schneller. Er fliegt förmlich über seine Slides hinweg, in der Hoffnung, irgendwie wieder beim Publikum andocken zu können. Da dieses Publikum aber nun mit einer noch schnelleren Abfolge an visuellen Inputs konfrontiert wird, starrt es noch gebannter auf die Projektionsfläche, um nur ja nichts zu übersehen. Positive Rückkoppelung – grande Dilemma!

Wenn der Präsentator bemerkt, dass er die Aufmerksamkeit seines Publikums verliert, so hat er nur eine Möglichkeit, diese zurückzubekommen: Er muss am Ende jedes Slides die Präsentation ausblenden, sich selbst wieder ins Zentrum rücken und zusammenfassen oder auch vertiefen, was gerade auf dem jeweiligen Slide zu sehen war. Er muss um die Aufmerksamkeit kämpfen, sie zurückerobern und danach trachten, diese zu behalten. Die Sprechzeit ohne Slide im Hintergrund kann auch für die Herleitung des nächsten Slides verwendet werden.

Wenn man also schon mit vielen Slides arbeitet, um eine Idee zu vermitteln, so kann man rasch durch den jeweiligen Slide durchgehen, diesen ausblenden (Taste B) und dann in freien, eigenen Worten den Inhalt wiederholen und ergänzen. In der Folge spricht man das kommende Slidethema an, zum Beispiel mit einer rhetorischen Frage, und blendet dann mit der Taste B plus → diesen Slide ein. So kann man sich wenigstens immer wieder ins Zentrum rücken.

Wir sind Ohrentiere

Für die Ohren gilt das Kontrast-Axiom ganz genauso. Wir haben durchaus die Gabe, Dauerbeschallung einfach auszublenden. Hätten wir diese nicht, würden wir es keine fünf

Minuten in einer Messehalle, in einem Einkaufszentrum oder einer Bar aushalten. Je lauter es wo ist, desto länger dauert es, bis man den Lärm ausblenden kann. Aber mit der Unterstützung von einigen Bierchen, wenigen Gin Tonics und einer Handvoll Shots können wir uns sogar in einer Diskothek gut unterhalten. Bloß, wer will das? Es geht darum, dass unser Ohr für Kontraste dankbar ist. Unser Ohr kann ausgesprochen gut richtungshören und unser kognitiver Apparat kann sogar aus einer Klangwolke noch sinnvolle Gesprächsfetzen herausfiltern.

Um Präsentationen oder Vorträge für den kognitiven Apparat der Zuhörer oder Zuseher angenehm zu gestalten, empfiehlt es sich vorweg, für Ruhe im Seminarraum, im Publikum zu sorgen. Wobei, Ruhe ist mir da schon zu wenig, es geht um Stille, wahrhaftige Stille!

Wie bringt man eine Vielzahl an Menschen dazu, still zu sein? Indem man es vormacht! Ich empfehle, als deutliches Signal vor dem Lospräsentieren, absolute Stille. Dazu schweigen Sie freundlich lächelnd sämtliche Gesichter im Raum an. Das dauert mitunter lange, wirkt aber nachhaltig. Sie warten, bis alle Handys verstaut sind, bis die Taschentücher gefunden sind, bis das Handtascherl seinen Platz eingenommen hat; Sie warten darauf, dass schlicht und einfach mit jedem im Raum stiller Blickkontakt möglich ist. Tratschen zwei Zuhörer miteinander und bemerken es nicht, dass Sie zu sprechen beginnen wollen, fixieren Sie diese freundlich. Sie werden dann meist von den Sitznachbarn darauf aufmerksam gemacht, dass es für sie opportun wäre, nun endlich das Schwätzen einzustellen. Dieser Kampf um Stille hat selbstverständlich etwas mit dem Kampf um Status und Kompetenz zu tun.

Ist es jetzt endlich mucksmäuschenstill im Raum, so dass Sie eine Nadel fallen hören könnten, so halten Sie als Redner diese Stille noch ein paar Sekunden aufrecht, um die Spannung, die jeder spüren kann, zu steigern. Erst dann sprechen

Sie los, brechen hoffentlich mit den ersten Worten die Erwartungshaltung der Zuhörer und sorgen für eine spürbare Entspannung im Raum und bei sich selbst. Der Kontrast zwischen Stille und Sprache wird so auf ein Maximum ausgereizt – und sorgt für einen Aufmerksamkeitsgrad, der sonst unerreicht ist. Mit dieser maximierten Aufmerksamkeit müssen Sie behutsam umgehen, damit sie nicht verlorengeht.

Der Kontrast sorgt für Aufmerksamkeit. Und gerade die Aufmerksamkeit ist es, um die ein Präsentator ständig kämpft. Es ist nicht leicht, diese aufrechtzuhalten. Oft genug gibt es Inhalte, die nicht jeden interessieren, der anwesend (körperlich) ist. Sehr oft ist es die Tiefe der Information, die Zuhörer gedanklich wegdriften lässt – oder dass sie die präsentierten Informationen eh schon kennen. Überforderte Laien und gelangweilte Spezialisten – mit ihnen muss man rechnen.

In der Regel haben Sie am Anfang Ihres Auftritts die maximale Aufmerksamkeit, und eventuell gegen Ende wieder. Möchten Sie diese ausgetretenen Pfade verlassen, so müssen Sie entweder Ihr Präsentationskonzept komplett auf den Kopf stellen (Achtung, Unternehmenskultur!) oder Sie bauen regelmäßig akustische *Attention Getters* ein.

Dazu sorgen Sie für einen überraschenden Kontrast. Haben Sie die Zielgruppe durch die Inhalte ein wenig eingelullt, so brauchen Sie nur mit der Handfläche laut auf eine Tischplatte oder Ähnliches zu klopfen, das gesprochene Wort damit verknüpfen, und schon ist die Aufmerksamkeit wieder da. »Mit einem Schlag [knall] ... konnten wir dann wieder dort anknüpfen, wo wir bereits zwei Jahre vorher schon einmal waren!« Oder »Und plötzlich [knall] ... hat es wieder funktioniert.«

Sie können aber auch sprachlich deutlich leiser werden, um die Aufmerksamkeit wiederzubekommen. Wenn Sie die zentrale Botschaft deutlich leiser sagen, nachgerade flüstern, binden Sie die Aufmerksamkeit wieder auf sich. Zusätzlich erhöhen Sie inhaltlich die Bedeutung des Kommenden: »Für Sie jetzt ganz wichtig ...« oder »Und jetzt die alles entscheidende Botschaft ...«

Dasselbe gilt für echtes Lautwerden bei Begriffen *wie jetzt ..., Achtung ..., sofort ...* Setzen Sie nach dem sehr, sehr laut ausgesprochenem Wort noch eine rhetorische Pause ..., erhöhen Sie damit die Wirkung des Kontrasts. Mission fullfilled.

Wie sehr habe ich doch die meisten meiner Mathematiklehrerinnen gehasst. Ich betrachtete mich als Opfer. Warum? Weil sie meine Bereitschaft, maximal aufmerksam den Inhalten zu folgen, konterkariert haben. Wie haben sie das angestellt? Sie wurden bei den entscheidenden Momenten, um einen Algorithmus oder Ähnliches zu verstehen, sprachlich unglaublich schnell. Zu schnell für meinen Arbeitsspeicher, der schon mit dem Verstehen der Herleitungen und dem Abschreiben von der Tafel ausreichend zu tun hatte. Vielleicht wurde ich deswegen Präsentationstrainer ... Danke im Nachhinein dafür.

Mit der Sprechgeschwindigkeit zu arbeiten, ist durchaus tricky. In der Regel sprechen wir nicht zu schnell, sondern machen zu wenig Pausen (siehe weiter unten). Und trotzdem: Ein brutales Einschleifen des Tempos, hart am Buchstabieren, sorgt für immense Aufmerksamkeit. Am besten kommt das mit einem deutlichen Leiserwerden. Was bietet sich dafür an? Die Take-home-Message! Jene Botschaft, an die sich die Audienz noch zwei Tage später erinnern soll, jene Botschaft, derentwegen es diese Präsentation gibt. Eine konkrete Handlungsanweisung »Wir müssen jetzt die Zusammenlegung rasch umsetzen ...« kommt extrem langsam, deren Folgen können dann sehr schnell und zackig aufgezählt werden: »Das bedeutet, dass wir in Zukunft 1., 2., 3., und 4. ... erreichen werden.« Und weil Wiederholung erfreut, gleich noch einmal, direkt an das Folgenstakkato angeschlossen, die Take-home-Message in Super-Slowmotion gesprochen: »Lasst uns mit der Zusammenlegung sofort beginnen.«

Das Rhetorische Paradoxon nach Fauma besagt, dass wir, wenn wir während eines Vortrags den Mund halten und schweigen, genau in diesen Momenten der Stille unsere Überzeugungskraft dramatisch heben.

Aber Pause ist nicht Pause. Die richtige rhetorische Pause funktioniert nur, wenn der Blickkontakt des Präsentierenden oder des Vortragenden mit seinem Publikum aufrechtbleibt. Was heißt aufrechtbleibt ...? Es geht um ein tiefes, intensives Taxieren des Publikums, ob das Gesagte tatsächlich wie ein Samen auf hoffentlich fruchtbare Erde gefallen ist.

Die Intensität von Blick und Wort muss in etwa gleich hoch sein. Wichtige Inhalte rahmen Sie mit Pausen. Sie beginnen mit einem intensiven Blickkontakt mit den Anwesenden, überlegen indes, wie Sie den Inhalt formulieren und schweigen derweilen. Dann sagen Sie langsam und deutlich, was zu sagen ist, und finden dabei zum Punkt. Währenddessen bleibt der intensive Blickkontakt aufrecht. Nach dem Punkt, wenn alles gesagt ist, bleibt der Blickkontakt für weitere Sekunden, kleine Ewigkeiten für Neulinge, aufrecht.

Sie lassen damit den Inhalt wirken, sehen diesen in den Köpfen der Zuhörer arbeiten und erkennen, ob der Inhalt richtig verstanden wurde. Es entsteht dabei mitunter eine unglaubliche Spannung im Raum und Sie spüren, wie sehr Sie in diesem Augenblick die Zielgruppe an der rhetorischen Leine führen, wie sehr Sie sie in der Hand haben. Die Köpfe scheinen aufgeklappt, die Gehirne liegen frei und Sie können als Redner Ihre Inhalte wie Fähnchen in die Gehirne stecken. Wer das einmal gespürt hat, ist ab dem Moment danach süchtig. Bühnenkünstler nennen dies »der Funke ist übergesprungen« und erzählen davon mit leuchtenden Augen. Wir Präsentatoren auch.

Haben Sie es geschafft, diese Aufnahmebereitschaft durch Sprache und Pausen zu erzielen, gilt die Sorge des Redners, diese nun aufrechtzuhalten, wenn geht die gesamte Präsentation hindurch. Das kostet Kraft, unbestritten, ist es aber allemal wert.

Das Gehirn entscheidet

Die Triage gehört zu den grausamsten Prozessen, die ein angehender Notarzt und Intensivmediziner lernen muss. Wenn ein Notarzt zu einem Verkehrsunfall mit mehreren unterschiedlich schwer verletzten Menschen kommt, muss er bewerten und entscheiden, wem er seine Hilfe sofort angedeihen lässt, und wen er vorerst nicht behandelt. Der Notarzt entscheidet in diesen Sekunden mitunter über Leben und Tod. Aus einem Wust an Informationen wie Schwere der Verletzungen, Alter des Verletzten, Überlebensprognose und so weiter zieht er seine Schlüsse. Er kann nämlich nicht alle gleichzeitig behandeln. Und so geht es unserem Gehirn rund um die Uhr. Zu viele Reize prasseln fast zeitgleich auf unser Gehirn ein. Nur wenige davon schaffen es auf die bewusste Ebene, das meiste wird automatisch abgearbeitet.

Unsere Sinnesorgane füttern also das Gehirn mit Informationen. Das Gehirn entscheidet, welche Informationen überhaupt das Bewusstsein erreichen dürfen – und welche die Aufmerksamkeit des Restkörpers geschenkt bekommen. Es triagiert. Würde es das nicht tun, wären wir komplett überfordert. Stellen Sie sich nur vor, wie es wäre, wenn sämtliche Gelenk- und Muskelsensoren, aber auch die Organ- und Eingeweidesensoren die gesamte Zeit über unsere bewusste Aufmerksamkeit für sich in Anspruch nehmen würden … unvorstellbar.

Um die Aufmerksamkeit eines oder mehrerer Menschen zu erzielen, kommen wir also nicht daran vorbei, Kontraste zu schaffen. Wir reden laut und leise, schnell und langsam, wir bieten optische Reize und schaffen Ruhe für ein konzentriertes Zuhören. Damit die Zuhörer von Anfang an aufmerksam sind, empfiehlt es sich, die klassische Begrüßung ein wenig abzuwandeln.

Normalerweise bewegt sich ein Präsentator mehr oder weniger geschmeidig auf die Bühne oder an den Kopf des Tisches im Konferenzzimmer, um dort ein paar mehr oder weniger glaubwürdige Begrüßungsfloskeln vom Stapel zu lassen und um dann zu seinem Thema zu kommen. »Herzlich willkommen, ich freue mich sehr und möchte gleich ...« Wie fad ist das denn!? Die meisten Anwesenden schalten bei solchen Intros auf Autopilot und sind nur mehr körperlich anwesend. Maschinell nicken sie gelegentlich, ganz Trickreiche lassen sich anrufen, um den Raum unter irgendeinem Vorwand und sich entschuldigend verlassen zu können – sie kehren in der Regel nicht mehr zurück. Warum? Weil sie die Fadesse nicht mehr ertragen.

Möchten Sie von Anfang an die ungeteilte Aufmerksamkeit, sollten Sie den Gehirnen der Anwesenden einen fetten Kontrast schenken – und zwar so schnell wie möglich!

Am besten geht dies, indem Sie eine Erwartungshaltung brechen. Und die klassische Erwartungshaltung ist einen Absatz weiter oben geschilderte. Also etwas ganz anderes!

Sie könnten zum Beispiel die klassischen Willkommensfloskeln aussparen und mit folgenden Möglichkeiten beginnen:

- Anekdote,
- Gegenstand,
- Zitat, Aphorismus,
- Zeitungsartikel,
- irgendein Teil im Raum,
- ein Witz.

Wofür Sie sich auch entscheiden, entscheidend ist, dass damit keiner rechnet. Und schon haben Sie die Aufmerksamkeit bei sich. Die Kunst ist es, im Rahmen des ungewöhnlichen Starts in die Präsentation die Brücke zum Thema zu finden. Egal, ob Sie eine Geschichte erzählen oder die Headline einer Zeitung vorlesen, die Moral von der Geschichte: Die Pointe muss das Thema der Präsentation sein! Danach können Sie immer noch eine Begrüßung ausformulieren.

Es wird bei unseren Vorfahren womöglich nicht viel anders gewesen sein, als sie am Abend rund um ein Feuer gesessen sind und einander beim Erzählen zuhörten. Ich kann nur spekulieren und von meinen Erfahrungen auf Pfadfinderlagern ableiten, aber wer vor anderen das Wort ergreifen und auch behalten möchte, schafft dies nur, indem er die gesamte Aufmerksamkeit auf sich lenkt. Was immer er sagt, es muss so spannend, faszinierend oder einfach nur ganz unerwartet sein, dass alle anderen geneigt sind, weiterhin zuzuhören. Und wann immer Geschichten langweilig werden, beginnen die Zuhörer abzuschalten und gedanklich abzuschweifen. Sie brauchen sich nur an die eigene Schulzeit zurückzuerinnern.

Gehen wir es einzeln durch ...

Eisbrecher – Anekdote

Wenn Sie grußlos und nach einer deutlichen Phase des Schweigens mit dem Erzählen einer Anekdote beginnen, ist es entscheidend, dass Sie sich Ihrer Umgangssprache, der Alltagssprache bedienen. Diese Sprache hat viele Grammatik- und Syntaxfehler, wird aber besser verstanden: »*Wie ich heut am Herweg wie üblich auf der Nordbrücke im Stau steh, seh ich doch glatt einen Fünfer am Boden auf der Straßen liegen, also einen Fünf-Euro-Schein ...*« Wer das Hochdeutsch formuliert, kann schon zu sprechen aufhören und stattdessen »Herzlich willkommen« sagen.

»... *ich möchte also den Fünfer aufheben, muss mich dazu abgurten und aussteigen – komme aber nicht mehr dazu, da ich von hinten schon angehupt werde, ich soll gefälligst weiterfahren. Verdammter Stopp-and-go-Verkehr, denk ich mir noch ... und, was sehe ich ein paar Meter weiter ...? Den nächsten Fünfer am Boden liegen. Wieder probier ich, den zu bekommen, werde aber sofort wieder angehupt, um weiterzufahren. Nachdem ich an dem dritten Fünfer vorbeigefahren bin, dämmerte es mir langsam ... das Geld, ja, das Geld liegt auf der Straße, es allerdings aufzuheben, ist fast unmöglich. ... Herzlich Willkommen zu meinem Vortrag ›Neue Methoden in Human Ressources, wie man verborgene Ressourcen heben kann‹, mein Name ist Rainer Lowak und ich werde Ihnen in den nächsten zwanzig Minuten darstellen, woran es in der Regel liegt, dass wir gewisse Potentiale nicht heben können.*«

Eine gute, schauspielerische Darstellung ist beim Erzählen von Anekdoten kein Fehler. Sie spüren dabei genau, ob Sie die Aufmerksamkeit auf sich binden und können mit diesem Feedback gut arbeiten.

Entscheidend ist natürlich, dass die Moral von der Geschichte das Thema der Präsentation, des Vortrags ist. Das zaubert den Zuhörern oder Zusehern in der Regel ein Lächeln der Einsicht ins Gesicht – und gibt dem Präsentator die Möglichkeit, mit dieser Aufmerksamkeit schön zu arbeiten.

Was haben Sie dabei? Gegenstände verwenden

Anhand eines Gegenstands können Sie a) eine schöne Geschichte erzählen oder b) lassen Sie die Geschichte des Gegenstands wirken. Wie klingt das:

Sie halten Ihr iPhone 5 in die Höhe und beginnen zu erzählen ... und zwar erzählen Sie, wie sehr Sie sich auf Ihr erstes iPhone gefreut hatten, wie lange es gedauert hatte, sich dafür zu entscheiden, wie glücklich Sie gewesen waren, all diese tollen, neuen Apps und Möglichkeiten selbst anwenden zu können. Doch leider währte diese Freude nur kurz, denn bald darauf kam das iPhone 5s, dann das iPhone 6 und später noch das iPhone 7 und 7s auf den Markt. Schon nach kurzer Zeit war das Gadget of Desire veraltet, ständig sahen Sie Mitmenschen mit neueren iPhones herumlaufen und mussten sich selbst mit dem alten Kübel, der langsamer und langsamer wurde, herumärgern.

»*Sehr geehrte Damen und Herren, herzlich willkommen zu meinem Vortrag ›Die Unmöglichkeit des Up-to-date-Seins und seine Folgen‹, mein Name ist Camilla Weichegg und ich freue mich, Ihnen anhand einiger Beispiele in den nächsten 15 Minuten darstellen zu können, wie uns das Tempo der Produktentwicklungen in einem ständigen Durst nach neuen Geräten an der Leine herumführt.*«

Und wenn Sie bei sich nichts finden, können Sie eventuell einem Zuhörer etwas »entwenden« und für den Einstieg gebrauchen: Füllfeder, Mobiltelefon, Aktentasche ... jeder Gegenstand erzählt eine Geschichte, Sie brauchen Ihrer Fantasie nur ein wenig freien Lauf lassen.

Für Könner: Zitat, Aphorismus, Witz

Das ist wirklich schwer. Erst benötigen Sie einen wirklich guten Aphorismus, der zum Thema passt. Dann sollte er halbwegs selbsterklärend sein, denn wenn Sie den Spruch langatmig erklären müssen, verfehlt er seine Wirkung. Darüber hinaus kann es intellektuell abgehoben wirken, aufgesetzt und wenig authentisch – in Summe kontraproduktiv.

Und trotzdem, wenn Sie es gut einhängen, kann diese Eröffnung eine schöne Wirkung erzielen. Am besten öffnen Sie das Spektrum, beschreiben kurz die Zeit und die Lebensbedingungen eines Autors; beschreiben, wie es dazu kam, dass dieser Autor folgenden Aphorismus in die Welt setzte. Dann sagen Sie den Spruch auf, mit vielen Pausen als Gelegenheit für die Zuhörer zum Mitdenken, lassen diesen wirken und leiten daraufhin zum Thema des Vortrags über. Dann kommen die Grußfloskel und ein Ausblick auf die Dauer des Vortrags.

Up-to-date: der Zeitungsartikel

Das ist eine der simpelsten Methoden, sich einen guten Start in eine Präsentation zurechtzulegen. Sie durchstöbern dazu eine Tageszeitung oder irgendein Magazin und finden bestimmt eine Headline oder einen Sager, dessen »Moral von der Geschichte« das eigene Thema ist, zu dem Sie elegant hinleiten können.

Sie zeigen die Zeitung, heben sie hoch und sprechen grußlos drauflos: »*IMMER MEHR ARBEITSLOSE titelt die Herald Tribune heute in der Morgenausgabe …*« dann sprechen Sie ein wenig über die Aktualität, den Autor und die Auswirkungen des Themas und leiten zum eigenen Thema über: »*… ich referiere heute darüber, wie wir durch Investitionen im Osten die Arbeitsplätze hier in der Region sichern können. Herzlich willkommen, mein Name ist Susanne Lahn und ich werde Ihnen in den nächsten 20 Minuten darstellen, wie wir in Zukunft …*«

Wichtig dabei ist die gute Inszenierung, das exakte Setzen der rhetorischen Pausen (nach dem Hochheben, nach dem Vorlesen der Headline, …) und eine schlüssige, leicht verständliche Herleitung des Themas zur eigenen Präsentation. Dann wieder eine rhetorische Pause, gefolgt von der Begrüßung. So einfach ist das.

Und es hat auch einen guten Grund, warum man bei dieser Gelegenheit gleich anführen sollte, wie lange die Präsentation dauern wird – das gibt dem Publikum die Chance, sich auf das Kommende entsprechend einzustellen.

Mit dem arbeiten, was da ist: Teile im Raum

Nichts vorbereitet, keine Story, kein Gegenstand, keine Zeitung …? Na, gar kein Problem! Einfach im Raum umschauen, irgendwo steht oder hängt schon etwas, auf das Sie sich und Ihr Thema beziehen können.

- *Eine Zimmerpflanze:* Sie verweisen grußlos zu Beginn auf die Zimmerpflanze in der Ecke des Raumes, erklären, warum sie gerade noch gedeiht, obwohl sie extrem nachlässig behandelt wird, und was es bräuchte, damit sie sich so richtig entfalten, frischen Sauerstoff und ansprechende Ästhetik liefern kann: persönliche Zuwendung! »*Und genauso gedeihen auch Mitarbeiter am Arbeitsplatz … ein wenig Dünger, ein bisserl Wasser, gelegentliches Abstauben … und schon liefern sie die gewünschte Performance. Herzlich willkommen zu meinem Vortrag ›Vernachlässigte Mitarbeiter und moderne Methoden der HR‹, mein Name ist Patrick Föbel und ich werde …*«
- *Ein altes Ölgemälde:* Stichworte abstauben, beleuchten, schöner Rahmen, Handarbeit, Aufwand, Würdigung, …
- *Stühle, die alle gleich hoch sind:* Stichworte Gleichmachung, Durchschnittlichkeit, unpassend für alle Großen und Kleinen, Diversity, …

Die Evolution gibt dafür quasi eine Garantie ab: Nur wenn wir starke Kontraste setzen, können wir die Sinnesorgane und die dahinter steuernd wirkenden Gehirne unserer Zuhörer oder Zuseher dazu bringen, die Aufmerksamkeit in eine gewisse Richtung zu lenken – auf den Redner bestenfalls! Und darum geht es in der Regel in den Seminar- und Konferenzräumen dieser Welt.

Verkaufsmeeting – Businessflirt

Betrachtet ein Verhaltensforscher Verkaufsgespräche genauer, wird er feststellen, dass im Verkauf offensichtlich die Prinzipien des Flirts stecken: Während beim Flirt evolutionär der Mann derjenige ist, der sich als idealer Partner präsentiert und die Frau evolutionär die Rolle der Entscheiderin innehat, ist es im Verkauf ein Produkt, das als idealer Partner präsentiert wird, und der Kunde ist der Entscheider.

Sämtliche Ratgeber raten, den Kunden quasi anzuflirten: Man soll nach Gemeinsamkeiten suchen, diese herausstreichen, Haltung und Bewegungen des Gegenübers einnehmen, Komplimente machen und viel über Unbedeutendes wie zum Beispiel über das Wetter sprechen. Die entscheidende Frage »Wollen Sie oder wollen Sie nicht …?« schiebt man möglichst weit hinaus. Denn nichts wird mehr gefürchtet als eine definitive Absage oder Abfuhr. Deshalb gehört für klassische Vertriebler die Beziehungspflege auch zur obersten Prämisse: nur ja keinen Beziehungsabbruch! Am Ende überlegt der Entscheider es sich ja doch eines Tages anders und man kommt zum Zug.

Als Verhaltensforscher kann ich diesen Ratschlägen nur zustimmen. Flirt und Verkauf sind einander unglaublich ähnlich.

Beim Flirt wie beim Verkauf klappt es am besten, wenn die Botschaften nicht eindeutig sind, sich nicht konkret auf ihre Absicht hin abklopfen lassen. Ich spreche hier das Imponieren an: Wenn ein guter Verkäufer der Person A etwas verkaufen möchte, und am Tisch sitzen noch die Personen B, C, D und E, so ist der Verkäufer gut beraten, A indirekt zu beeindrucken, indem er nicht direkt mit A spricht, sondern die Vorzüge seiner Dienstleistung, seiner Produkte zum Beispiel ganz unverfänglich B darstellt – womöglich hat B auch danach gefragt. Aber im Fokus bleibt natürlich Person A, die, weil nicht direkt angesprochen und somit nicht angekeilt wird, interessiert zuhört und sich ohne Druck ein Bild machen kann. Wer nicht verkaufen will, verkauft am besten. Diese Weisheit bestätigt sich immer wieder. So ist es auch beim Flirten. Die imponierende Selbstdarstellung funktioniert am besten, wenn sie ungerichtet erfolgt, wenn sie nicht einer bestimmten Zielperson gilt. Wichtig ist zu wissen, dass die Zielperson einen sieht, aber sie darf nicht bemerken, dass das Imponierverhalten ihr gilt. Dann wirkt es.

Ein Verkaufsmeeting, wo ein potenzieller Lieferant seine Produkte oder Dienstleistung vor einem Entscheider-Team präsentiert, funktioniert ähnlich: Die Entscheider wollen nichts vorgemacht bekommen – sie müssen vertrauen können. Wenn sich ein Verkäufer übernimmt oder sich oder seine Produkte zu schön darstellt, sinkt er in seiner Glaubwürdigkeit – wie beim Flirt. Also immer schön offen und ehrlich bleiben – so können Sie eventuell auf der Beziehungsebene punkten und sich glaubwürdig darstellen. Das Produkt, die Dienstleistung sind ja die Konstanten – die sind, wie sie eben sind. Variabel ist die Darstellung ihrer Qualitäten; diese Darstellung muss glaubwürdig sein.

Kundenwünsche entsprechen in etwa den evolutionären Ansprüchen von Frauen an den prospektiven Partner. Die Beziehung soll halten – denn Abbruchkosten können sehr hoch für den Kunden/die Frau sein. Das Funktionieren der Beziehung/des Produkts sind Voraussetzung dazu. Dass dies funktioniert, wird in der Werbephase abgeklopft. Mit anderen Worten: Der Verkäufer/der Mann soll seine Ware/sich möglichst glaubwürdig in seiner Qualität darstellen. Die

Qualität muss natürlich stimmen. Sind die Qualitäten mehrerer Bewerber in etwa ident, so gewinnt der Glaubwürdigere das Rennen.

Betrug ist natürlich immer möglich. So kann ein guter Darsteller sich Glaubwürdigkeit erarbeiten, um dann ein schlechtes Produkt/sich geschickt an den Kunden/die Frau zu bringen – diese im Glauben lassend, das Produkt wäre überzeugend. Pech gehabt.

Damit das nicht geschieht, wird intensiv geprüft. Da spielt uns Menschen unsere Grundskepsis zu: Dass wir eher etwas nicht glauben, als locker und frei Glauben zu schenken.

Auf biologisch-evolutionärer Ebene streckt die Frau die Kennenlernphase daher möglichst in die Länge. Je mehr Informationen sie über den prospektiven Partner gewinnen kann, desto besser. Und das braucht Zeit, viel Zeit. Sie trägt nämlich das Risiko einer falschen Entscheidung und muss daher möglichst viele Eventualitäten abklopfen, um eine kluge Entscheidung treffen zu können.

Auf geschäftlicher Ebene sichern sich die Einkäufer ab, in dem es Garantie- und Gewährleistungsbestimmungen gibt, Probezeiten (neue Mitarbeiter, Geräte, …) und Rückgaberechte. Wer nach diesen Konditionen fragt, ist gedanklich bereits jenseits des Vertragsabschlusses, dessen sollten sich Verkäufer bewusst sein!

Findet ein Verkaufsgespräch im Besprechungszimmer statt, ist dies gleichsam die Flirt-Plattform. Und worauf kommt es beim Flirten an? Der Anbieter/Mann sollte nicht passiv auf Fragen warten, sondern selbst in die Initiative gehen und möglichst viele interessierte Fragen stellen. Wer fragt, führt. Wer Interesse für die Bedürfnisse des anderen zeigt, wird mit Glaubwürdigkeit belohnt. Damit lässt sich in der Folge arbeiten.

Wer sich dann noch an die Prinzipien guten Präsentierens hält, bei dem kann nicht mehr viel schiefgehen – wenn das Produkt passt.

FLIRTARENA
KAFFEEKÜCHE

Patrick Polenta bekommt immer Herzklopfen, wenn er Frau Zajitschok sieht. Es hat sich für ihn leider noch keine Gelegenheit ergeben, sie auf sich aufmerksam zu machen. Aber jetzt! Sie sitzt allein in der Kaffeeküche, blättert in einem Magazin und wirkt recht entspannt. Das ist die Chance, meint Polenta, und betritt lässigen Schritts die Kaffeeküche, sagt sehr nebenbei »Hallo« und beginnt sein Spiel der Selbstdarstellung. Mit der Tasse Kaffee bewaffnet setzt er sich zu ihr – »Darf ich eh …?« – und fragt, was sie da lese … Frau Zajitschok schaut nur kurz auf, antwortet schmalllippig »die heutige Zeitung« und liest weiter.

Eines gleich vorweg: Biologie ist so wie andere Naturwissenschaften nicht politisch korrekt und hat darauf diesbezüglich auch keinen Anspruch. Und Ergebnisse der Verhaltensforschung sind es ganz besonders nicht. Aber erst, wenn wir unsere Verhaltensmuster erkennen und manifest machen, können wir uns mithilfe politischer Korrektheit und Moral von diesen evolutionären Fesseln lösen und ein von Vernunft und Aufklärung bestimmtes Leben führen. Ich wünsche es uns!

Die treibende Kraft: differential investment

Es gibt eine treibende Kraft hinter unseren Verhaltensweisen, eine Kraft, die sich im »differential investment« in den Nachwuchs begründet. Männer und Frauen investieren evolutionär unterschiedlich viel in ihren Nachwuchs. Diese Kraft ist für so ziemlich alles verantwortlich, was so zwischen Männchen und Weibchen bei uns Menschen abläuft. Wie gestaltet sie sich?

Rein biologisch gesprochen produzieren Männchen deutlich mehr Keimzellen als Weibchen. Die Keimzellen, die einzelnen Spermazellen, sind viel kleiner und werden ständig produziert. Männchen können folglich viele Weibchen in schneller Abfolge befruchten – es gibt aber nicht so viele Weibchen, die Männchen theoretisch wie praktisch befruchten könnten. Es entsteht also Wettbewerb unter den Männchen um die Möglichkeit, Weibchen zu befruchten. Dieser Wettbewerb steht hinter fast jedem männlichen Verhalten, auch im Büro.

Weibchen hingegen investieren viel mehr in ihre wenigen, aber um vieles größeren Keimzellen. Sie können nur eine Keimzelle pro Monat bilden. Sie sollten daher bei der Partnerwahl deutlich wählerischer sein als die Männchen. Die Weibchen stellen den Engpass der Fortpflanzung für die Männchen dar. Dieses vom Botaniker Bateman 1948 aufgestellte Prinzip hat bis heute nichts von seiner Gültigkeit verloren.

Alle Männer dieser Welt können zusammen nicht mehr Kinder haben als alle Frauen dieser Welt zusammen. Wenn sich nun manche Männer häufiger fortpflanzen als Frauen, bedeutet dies automatisch, dass sich manche Männer gar nicht fortpflanzen. Das heizt den Wettbewerb entsprechend an.

Zusammenfassend bedeutet das für das menschliche Verhalten, dass sich Männer um Frauen im Wettbewerb befinden, während die Frauen die aktive Wahl treffen, auf wen sie sich einlassen.

Risiko und Investment sind unterschiedlich verteilt

Evolutionär betrachtet bedeutete eine Schwangerschaft für Frauen stets ein sehr hohes Risiko, selbst zu sterben – während der Schwangerschaft, bei der Geburt, kurz nach der Geburt. Sie verlieren in dieser Zeit an Unabhängigkeit und sind auf andere Frauen, ihre Netzwerke und vor allem auf den Kindsvater angewiesen. Sie brauchen selbst mehr Nahrung, können aber diese oft selbst nicht mehr im entsprechenden Ausmaß bereitstellen. Hier springt die Familie ein – und der Mann. Die Frau ist auf diese Hilfe angewiesen. Sie braucht einen Mann, der ihr in der Werbephase das Versprechen gibt, sich für Jahre um sie und die gemeinsamen Kinder zu kümmern. Das ist das Knock-out-Kriterium für Männer: die Investitionsbereitschaft.

Die Frau trägt das hohe Investment. Sie stellt die große, nährende Keimzelle zur Verfügung, diese bleibt auch nach der Befruchtung durch eine winzige Samenzelle im mütterlichen Körper und verursacht einerseits hohe Kosten über einen langen Zeitraum hinweg und andererseits ein hohes Gesundheitsrisiko.

Die Männer investieren mitunter nur ganz wenig Zeit zur Fortpflanzung – wir sprechen von Sekunden, während die Frau in der Folge neun Monate schwanger ist. Wenn sich die Männer nach dem Zeugungsakt sofort davonmachen, tragen sie kein weiteres Investment und kein Risiko, abgesehen von Geschlechtskrankheiten. Der Frau bleibt, um nicht allein überzubleiben, keine andere Strategie, als die Männer zum Investieren zu animieren. Der US-amerikanische Sozio- und Evolutionsbiologe Robert Trivers beschrieb bereits 1972, welche Aufgaben das wären: Versorgung der Weibchen mit Nahrung und Bereitstellung von Territorien, die auch verteidigt werden müssen. Die Nachkommen müssen ebenfalls ernährt und verteidigt werden, sie brauchen weiters Möglichkeiten, zu lernen und ihre soziale Intelligenz auszuformen. Hier ist der Status des Vaters meist hilfreich, so er einen hat. Er geht nämlich auf die Nachkommen über.

Allein die Tatsache, dass zwei Elternteile mehr Nachwuchs über die Runden bringen als einer allein, ist dafür verantwortlich, dass Männer in Richtung Investment selektiert wurden.

Das Anfangsinvestment ist bei beiden Geschlechtern immer konstant. Er ein paar Momente, sie mindestens neun Monate. Bricht sie nach der Geburt die Mutterschaft ab, hätte sie die neun Monate Investment verloren. Sie muss also weiterinvestieren, um auch diese neun Monate nicht zu verlieren.

Männliche und weibliche Erfolgsstrategien

Der Mann hat nun die Wahl: Er kann a) in den Nachwuchs weiterinvestieren, b) sich davonmachen und weiteren Nachwuchs mit anderen Frauen zeugen oder c) eine gemischte Strategie fahren. Diese Strategie ist nicht gerade unbekannt: Der Mann bleibt mit seinen Investitionen bei der Familie, versucht aber parallel, möglichst viel Nachwuchs zu zeugen, in den aber andere Väter investieren müssen. Diese gemischte Strategie scheint die erfolgreichste für Männer zu sein.

Da Männer aber über Männer Bescheid wissen, ist die männliche Eifersucht entstanden. Männer wissen, dass sie ihre Frauen von anderen Männern fernhalten müssen, damit sie nicht selbst ein fremdes Kind großziehen, in das Kind eines anderen Mannes investieren. Männer sollten daher genau prüfen, ob die Frau ihres Interesses tendenziell promiskuitiv oder monogam eingestellt ist. Männer sollten folgerichtig tendenziell promiskuitive Frauen als unattraktiv empfinden. Und sie sollten einen starken Überwachungsdrang gegenüber ihrer monogam eingestellten Frau haben, um auf Nummer sicher zu gehen, nicht in ein Kuckucksei zu investieren. Nicht wenige männliche Gewaltverbrechen gegen Kind und Frau sind Resultate dieser evolutionären, männlichen Strategien.

Daraus ergeben sich klare Kriterien für die optimalen Eigenschaften der Männer im Wettkampf um die Frauen: sichtbare Fähigkeiten zu ernähren, zu beschützen und zu verteidigen. Wer das am besten demonstrieren kann, hat bei den Frauen die größten Chancen.

Das klingt alles sehr theoretisch? Hmm … schauen wir uns einmal an, wer in westlichen, zeitgenössischen Anbahnungslokalitäten (Diskotheken, Clubs, Bälle etc.) die Rolle des Einladenden übernimmt – sich nachgerade darum reißt, das andere Geschlecht auf ein Getränk einladen zu dürfen: die Jungs natürlich.

Und wer lädt später das andere Geschlecht zum Essen ein? Wer zahlt selbstverständlich das Taxi? Wer stellt die Eintrittskarten auf? Den berechtigten Emanzipationsbemühungen zum Trotz versuchen Männer auf der Balz ihre Investitionsbereitschaft zu demonstrieren, egal, ob die Frauen dieses Angebot nun annehmen oder nicht. Und es bleibt nicht bei der Bereitschaft.

Auch die Möglichkeit, überhaupt etwas investieren zu können, muss zur Schau gestellt werden. Das geschieht über Statussymbole – Symbole, welche einen Hinweis auf den Status und die damit verbundene Investitionskapazität darstellen. Teure Klamotten, schicke Autos, teure Aftershaves, nur die teuersten Drinks in den angesagtesten Clubs, teure Uhren, teure Schuhe ... all das muss offensichtlich sein und hat nur einen Zweck: im zwischenmännlichen Wettbewerb die Nase vorne zu haben. Reine Männervereine, ohne Schnittstellen zu Frauen, verzichten in der Regel auf solches Gegockel komplett. Da werden eher gleichmachende Uniformen denn differenzierende Edelmarken getragen.

Männer im Wettbewerb um Frauen – von außen betrachtet hat das fast schon etwas Lächerliches, wie sie da gockeln und versuchen, erst die Aufmerksamkeit und dann die Glaubwürdigkeit zu ergattern.

Darüber hinaus funktioniert nachhaltige Vermehrung nur, wenn die eigenen Kinder später einmal am Partnermarkt selbst ausreichend attraktiv sein werden. Dazu müssen sie aber erst ins fortpflanzungsfähige Alter kommen. Mit anderen Worten: Nur ein gesunder, fitter Vater und eine gesunde, fitte Mutter sind ein Versprechen für gesunde, fitte Kinder.

Frauen formen Männer! Durch die weibliche Favorisierung bestimmter männlicher Signale kommt es zur Selektion auf diese männlichen Signale – und die Nachkommen tragen diese dann auch. Das nennt man die *Sexy-Son-Theory*, aufgestellt bereits im Jahre 1930 vom britischen Genetiker und Evolutionstheoretiker R. A. Fisher: Sind breite männliche Schultern für Frauen ein sexy Signal (sprich: sie stehen für Fitness, Gesundheit und die Fähigkeit, zu ernähren, zu beschützen und zu verteidigen), dann werden mehr Männer mit breiten Schultern mit Frauen Nachkommen zeugen. Die männlichen Nachkommen werden entsprechend einer »Zucht« ebenso vermehrt breite Schultern haben und damit sexy für ihre Generation sein, sexy sons eben. So formen Frauen die Männer.

Frauen müssen extrem wählerisch sein, da sie das Gesundheitsrisiko und die höheren Investitionen in den Nachwuchs tragen. Sie müssen daher die sich als perfekte Ernährer und Beschützer präsentierenden Männer austesten, und zwar am besten gleich über einen längeren Zeitraum hinweg. Wie machen sie das? Wie binden sie die Männer über einen längeren Zeitraum an sich? Sie verbergen ihren Eisprung! Bis auf die menschliche Frau zeigen die meisten weiblichen Säugetiere ihre fruchtbaren Tage sehr deutlich an. Meist präsentieren sie ihre geschwollenen Schamlippen und verhalten sich »rollig«.

Beim Homo sapiens sapiens ist das anders: Um den Mann für einen längeren Zeitraum an sich zu binden, verbirgt die menschliche Frau ihren Eisprung. So weiß der Mann nicht, wann er »dran« ist, und muss die gesamte Zeit an der Seite der Frau bleiben – um Nebenbuhler vertreiben zu können. Das immense Eifersuchtspotenzial von Männern rührt wahrscheinlich von dieser weiblichen Strategie her. Die Frau verbirgt ihre fruchtbaren Tage, der Mann muss ständig bei ihr sein und kann die Zeit damit verbringen, in die Frau zu investieren. Da nicht aus jeder Kopulation eine befruchtete Eizelle entsteht, dauert diese Phase der eifersüchtigen Bewachung entsprechend lange an. So bindet die Frau den Mann, und kann ihn in dieser Zeit testen.

Kurz zusammengefasst: Unterschiedliches Investment in den Nachwuchs sorgt dafür, dass Männer und Frauen unterschiedliche Strategien und Ansprüche bei der Partnerwahl haben.

Vermehre dich – der biologische Imperativ am Arbeitsplatz

Nehmen wir ein durchschnittliches Unternehmen her, ein paar Hundert Mitarbeiterinnen und Mitarbeiter, mehrere Hierarchiestufen und jede Menge unterschiedliche Funktionen. Es wäre doch gelacht, wenn sich da nicht etwas zwischen den zwangsweise zusammenarbeitenden Geschlechtern abspielen würde ... was ist denkbar?

Ist es denkbar, dass sich die Geschäftsführerin jenseits der Fünfzig mit dem jungen Marketingpraktikanten eine öffentliche Liebschaft anfängt? Denkbar schon, aber unwahrscheinlich.

Ist es denkbar, dass sich der bereits einmal geschiedene Vorstand um die deutlich jüngere Mitarbeiterin aus der PR-Abteilung bemüht und dabei reüssiert? Denkbar schon, und deutlich wahrscheinlicher als das erstgenannte Szenario.

Genauso denkbar und ähnlich wahrscheinlich ist es, dass sich die beiden 25-jährigen Marketingmitarbeiter in einander verknallen, einige Jahre ein Paar sind, er sich aber nach einem Wechsel in die Vorstandsassistenz von ihr trennt und sich um die eine oder andere junge Praktikantin bemüht.

Denkbar ist auch, dass sie inzwischen bei einem anderen Unternehmen Karriere gemacht hat, dort Head of Marketing geworden ist und in Kürze den Geschäftsführer eines Kooperationspartners heiratet.

Alles ist denkbar, aber nicht alles geschieht gleich häufig. Die Wahrscheinlichkeiten sind unterschiedlich verteilt – denn gerade die Partnerfindung ist im Rahmen des biologischen Imperativs (Vermehre dich!) extrem heikel und ziemlich eng, was die Handlungsfreiräume betrifft. Schauen wir uns an, was die durch Zahlen unterstützten Theorien dazu sagen.

Werden Frauen und Männer getrennt voneinander befragt, welche Eigenschaften ein idealer Partner haben sollte, sind sich beide Geschlechter in vielen Kriterien ziemlich einig: Der Partner, die Partnerin soll gesund, verständnisvoll, freundlich, rücksichtsvoll, kinderfreundlich usw. sein. Es gibt aber auch Kriterien, welche die Geschlechter unterschiedlich wichtig einstufen. So wünschen sich Männer attraktive und sexy Frauen bereits an vierter, fünfter Stelle ihres Kriterienrankings – die Frauen hingegen setzen den Status des Mannes in der Gesellschaft an die dritte Stelle. Dieser Unterschied treibt Frauen und Männer in brutal unterschiedliche Verhaltensstrategien – und beweist, dass die Gründe im unterschiedlich hohen Investment in die Nachkommen liegen. Männer suchen attraktive Frauen, die für gesunden Nachwuchs sorgen, und Frauen suchen Männer, die nachhaltiges Investment in sie und den Nachwuchs garantieren können.

Je älter die Männer werden, desto jüngere Frauen wünschen sie sich. Darüber hinaus steigt bei Männern der Wunsch nach jüngeren Partnerinnen mit ihrem Nettoeinkommen und ihrem Status. Der Verhaltensbiologe Karl Grammer zeigte 1992, dass dieser Effekt bei geschiedenen Männern noch ausgeprägter ist: Bei ihnen sollte die zweite Frau im Schnitt über 10 bis 15 Jahre jünger sein als sie selbst. Sonst sind es rund vier Jahre, die die Männer älter sind. Und je höher das Einkommen der geschiedenen Männer ist, desto geringer ist deren Toleranz gegenüber gleichaltrigen oder älteren Frauen. Auch der Wunsch nach einer »sexy« Partnerin steigt linear (!) bei geschiedenen Männern – im Unterschied zu noch nie verheirateten, partnersuchenden Männern. Sie werden sex-orientierter. Der Status hat für Männer also eine immense Bedeutung am Partnermarkt, er sichert den Zugang zu jungen Frauen und einen weiteren Fortpflanzungszyklus. Zu jung hingegen ist auch nicht gut – das für die Fortpflanzung optimale Alter erreichen Frauen mit 25 Jahren.

»Was ein Mann schöner is wie ein Aff, is ein Luxus!«,

definierte die Tante Jolesch. Aber welcher Gestalt muss ein Mann nun sein?

Frauen kommt die Suche geschiedener Männer nach jungen Frauen gelegen, denn sie selbst bevorzugen als Partner ältere Männer mit hohem Status. Und sie rechnen ihren eigenen Status mit ein! Der Herr Abteilungsleiter mag vielleicht die Praktikantin beeindrucken können, bei der Geschäftsführerin wird ihm das wahrscheinlich nicht mehr gelingen. Hier ergibt sich für Frauen mit hohem Status ein Problem: Es gibt nur sehr wenige Männer mit noch höherem Status – und diese schauen sich gerade nach ihrer ersten Scheidung nach jüngeren Frauen um. Frauen mit hohem Status, die klassischen Karrierefrauen, sind deshalb begehrte Zielgruppe teurer Partnervermittlungsagenturen. Sie haben a) zu wenig Auswahl am Partnermarkt und b) kaum Zeit, diese zu treffen. Ein klassischer Markt für Dienstleister.

Wer sich an seinem Arbeitsplatz und im Freundeskreis ein wenig umhört, wird wahrscheinlich folgendes Curriculum nicht das erste Mal hören: Frau und Mann lernen einander gegen Ende der Ausbildung kennen, ähnlicher Status, ähnliches Alter, heiraten, zeugen ein Kind. Frau bleibt zu Hause, Mann macht Karriere. Karriere bedeutet einen Statussprung. Neuer Status – neue Ansprüche. Das Kind – oder mehrere – ist im Alter zwischen vier und fünf Jahren, erste Selbstständigkeit, Mann lässt sich scheiden, taucht mit neuer Frau, deutlich jünger, wieder auf. Erst sein Status, und damit sein Einkommen, machen das möglich – er kann es sich sprichwörtlich leisten. Und er bekommt dadurch Zugang zu einem zweiten Fortpflanzungszyklus mit der jüngeren Frau. Mit dieser »Anatomie der Liebe« beschäftigt sich ausführlich die US-amerikanische Anthropologin Helen Fisher.

Interessanterweise verschieben sich die Partnermarktkriterien der Frau, die die Pille nicht nimmt, mit ihrem Eisprung: Rund um den Eisprung bevorzugen Frauen so richtig dominante Testosteron-Heinis mit vielen Muskeln und jeder Menge Kraft. Intelligenz spielt da keine allzu große Rolle mehr. Rund um den Eisprung gehen Frauen auch am häufigsten fremd wie Bellis und Baker im Jahr 1991 festgestellt haben – und zwar mit genau diesem Typ Mann. Nicht umsonst sprechen Verhaltensbiologen vom Gene-Shopping. An den weniger fruchtbaren Tagen bevorzugen Frauen hingegen tendenziell weiblichere Männer, die weniger Macho, aber mehr fürsorglicher Betreuer sind – gute Väter, die Bereitschaft zeigen, lange in die Beziehung und den Fortpflanz zu investieren. Die dominanten Muki-Männchen brauchen nicht zu investieren – sie wissen, dass sie bei Frauen verdammt gut ankommen und verhalten sich eher wie Bienen auf einer Blumenwiese.

Frauen können also mit intelligenten, humorvollen Beta- bis Gamma-Männchen eine Familie gründen, das Kind könnte hingegen vom leicht dämlichen, aber vor Kraft strotzenden Alpha-Männchen kommen. Und je nach Gesellschaft passiert dies auch, die Zahl der Kuckuckskinder variiert zwischen 1% (Schweiz), 10% (Deutschland) und 53% (z.B. Liverpool).

In Summe könnte man sagen, dass Polentas Chancen, Frau Zajitschoks Interesse in der Kaffeeküche zu erlangen, von ihrer Periode (keine Pille!), seiner Physis und auch von seinem Status abhängig sind. Nicht leicht.

Heiße Blicke über die Kaffeetasse

Eine Frau, ein Mann, ein Raum. Für den Biologen Timothy Perper läuft ein Flirt folgendermaßen ab:

1. Erkennen der Annäherung
2. Reden

3. Zuwenden
4. Berühren
5. Synchronisation des Verhaltens

Fasst man die Beobachtungen der Evolutions- und Verhaltensbiologen Charles Darwin, Monica Moore und Karl Grammer zusammen, so betreiben die Frauen die aktive Wahl. Sie fordern die Männer nonverbal auf, mit ihnen in Kontakt zu treten. Wie sieht das im Detail aus:

Zuerst screent die Frau mit einem Blick das Gesamtszenario, ohne dabei mit dem Blick irgendwo hängenzubleiben. Unmittelbar darauf blickt sie den Mann kurz bewusst an und wendet sofort wieder den Blick ab. Sehr oft geht ein kurzes Brauenheben damit einher. Das alles dauert kaum länger als drei Sekunden. Aber es gibt noch mehr bei den Frauen, die zum Kontakt auffordern, zu beobachten: So heben viele kurz den Kopf, legen ihn nach hinten, so dass das Gesicht nach oben sieht. Danach kehrt er wieder in seine Ausgangslage zurück. Oder die Frauen legen den Kopf schräg und präsentieren die gestreckte Halsfläche dem Mann. Auch fahren sich Frauen mit Kontaktaufnahmewunsch durch die Haare, richten sich kurz ihre Frisur. Dabei ist sowohl das Kopfheben wie auch das Kopf-zur-Seite-Legen zu sehen. Manchmal zeigt die Frau dabei ihre Zungenspitze, die dabei nach oben weist, hinter oder auf ihren oberen Schneidezähnen. Das alles wirkt natürlich nur, wenn diese Signale auch gesehen werden. Dann beschleunigt der Herzschlag der Männer. Dieser beschleunigt übrigens bereits, wenn eine Frau die Distanz zwischen sich und dem Zielmännchen verringert, sich nähert. Damit manipuliert die Frau aktiv den Mann.

Eine Studie von Walsh & Hewitt aus dem Jahr 1985 zeigte sehr schön, dass Männer sich aufgefordert fühlen wollen, um erste Schritte zu setzen. Das geschieht am einfachsten durch kurzes Anlächeln seitens der Frau. Das Lächeln bewirkt beim Menschen meist als Gegenreaktion ebenso ein

Lächeln, und wer zum Lächeln gebracht wird, verliert ein wenig seine Kritikfähigkeit. Auch praktisch.

Bleibt jedoch eine Aufforderung zur Kontaktaufnahme aus, werden Männer selten aktiv. Tun sie es doch, beginnen sie mit einer Selbstdarstellung, die durch langsame, ausladende Bewegungen am besten beschrieben ist. Bleibt jedoch das Interesse der Frauen aus, legen die Männer ein Schäufelchen nach, geben sich noch »cooler«, werden eine Spur größer und langsamer in ihren Bewegungen. Die desinteressierte Frau reagiert mit noch mehr »Kühle«, sie wendet sich dezent ab, zeigt keine expressiven Bewegungen und vermeidet unnötigen Blickkontakt. Die Situation friert buchstäblich ein: Er mit breitem Schritt, die Hände hoch hinter dem Kopf und viel Raum einnehmend – sie schmal, still und Signale verhindernd. Was für ein Stillleben!

Klappt der Flirt hingegen, besteht gegenseitiges Interesse, so fangen die beiden an, sich zu bewegen, sich einander zuzuwenden und Blickkontakte auszutauschen. Es entstehen zeitlich gekoppelte Verhaltensmuster und es bestehen gute Chancen, das beide ihre Absichten erreichen.

Der neue Mitarbeiter betritt erstmals die Kantine und sieht sich um, wo noch ein Platz frei wäre. Er geht durch den Raum, grüßt den einen oder anderen Bekannten und holt sich seine Mahlzeit. Dabei wird er von manchen Frauen beobachtet. Am Weg zurück zu seinem Platz kreuzen sich wie zufällig sein Blick und der Blick einer Frau, die er noch nicht kennt. Der kurze Blickkontakt reicht aus, dass bei beiden das Herz schneller schlägt. Sie beginnt, an sich herumzuzupfen und die Haare mehrmals zu richten. Er lacht öfter und lauter im Gespräch mit Kollegen als sonst. Im Laufe des Mittagessens gibt es erneut einen Blickkontakt, diesmal von ihm ausgehend, den sie mit kurz gehobener Braue beantwortet und lächelnd wegschaut. Das war es. Am nächsten Tag geht er auf sie zu und fragt, ob er sich zu ihr setzen dürfe ... beide hört man in der Folge öfter und lauter lachen als sonst, es herrscht Bewegung am Tisch, oftmalige Positionswechsel und expansive Gesten bestimmen das Bild. Dass er ein Arsch und sie eine blöde Zicke ist, darauf werden sie schon noch kommen. Dazu ist der Flirt ja da.

»Never fuck the office« – geflirtet wird heimlich

»Never fuck the office« ist ein oft wiederholter Spruch. Aber ist da auch etwas dran? Welcher Mensch ist das, der diesen Wunsch äußert – und warum tut er das? Schauen wir uns gemeinsam mit einer Biologenbrille auf der Nase ein paar Sequenzen zwischen Männchen und Weibchen am Arbeitsplatz an, um die Frage letztendlich beantworten zu können.

Szenario 1: Ein neuer Mitarbeiter wird dem Team vorgestellt. Er sieht verdammt gut aus, bringt alle erforderlichen Skills mit und scheint für das Unternehmen ein echter Coup am Transfermarkt zu sein. Wie reagieren die Frauen im Unternehmen? Es startet die *Interfemale Competition*, und die beginnt in der Regel damit, dass sich die Frauen gemeinsam und konspirativ über den Neuen den Mund zerreißen. »So gut, wie der aussieht, ist er sicher schwul ...«, gehört da bestimmt dazu. Jede versucht, der anderen den Prinzen auszureden – um damit ihre eigenen Chancen zu erhöhen! »Brauchst gar nicht erst probieren – der hat sicher irgendein Modell als Freundin ...« wäre so eine Variante.

Die Evolutionsbiologin und Verhaltensforscherin Joyce Benenson (Harvard) postuliert, dass bereits die kleinsten Mädchen im Wettstreit Verhaltensstrategien an den Tag legen, welche die Gefahren durch Vergeltung durch andere Mädchen reduzieren und zusätzlich die Stärken der anderen Mädchen schwächen. Sie vermeiden dabei, einander in die Quere zu kommen und verbergen den Wettstreit. Offene Auseinandersetzungen kommen nur von Mädchen mit hohem Rang, und diese sorgen für Ruhe durch Gleichheit in der Gruppe – und wer ausschert, wird sozial sofort isoliert.

Auf die Situation 1 übertragen heißt das: Die interessierte Frau sollte vor den anderen Frauen natürlich kein Interesse am Mann zeigen! Und gleichzeitig den anderen Frauen darstellen, warum der als Mann eigentlich uninteressant ist. Dabei lotet sie gleichzeitig aus, wer eine echte Konkurrentin sein könnte. Die Konkurrentin wird dann durch das gezielte Absetzen von Gerüchten, die die Gegnerin für den Mann uninteressant machen, sozial isoliert. Und soziale Isolation ist für das weibliche Geschlecht evolutionär betrachtet die absolute Höchststrafe, noch dazu meist irreversibel. Denn evolutionär konnten sich Frauen ausschließlich durch ganz enges Zusammenrücken und Zusammenhalten vor den körperlich überlegenen und testosteronaggressiven Männern schützen. Wer aus diesem Frauenbund durch das Brechen impliziter Regeln ausgestoßen wurde, war auf ziemlich verlorenem Posten. Das wirkt bis heute. Im Büro »müssen« die Frauen ihren Zusammenhalt demonstrieren – geflirtet darf nur heimlich werden. Wehe, es kommt jemand drauf …!

Und trotzdem setzt daraufhin ein Wettbewerb der Attraktivität ein. Das schmuckere Kostümchen, die höheren Schuhe, ein neues Parfum, die Haare ein wenig dramatischer als sonst … stets kontrolliert und kommentiert von den anderen Frauen im Büro, stets mit irgendwelchen fadenscheinigen Ausreden gerechtfertigt.

Szenario 2: Eine neue Mitarbeiterin wird dem Team vorgestellt. Sie ist jung, sieht gut aus und steht auf der Karriereleiter nicht sehr weit oben. Wie reagieren nun die Männer? Sie treten in Wettbewerb, ohne es zu auffällig werden zu lassen, und geben sich vorerst sportlich. Sie plustern sich ein wenig auf, machen sich größer, lachen lauter und häufiger und versuchen durch Witze und Kommentare zu anderen Männern indirekt vor dieser Frau auf sich aufmerksam zu machen. Ganz beiläufig beginnen sie über Aspekte ihres Lebens zu sprechen, die ihren Rang und Status demonstrieren sollen. »Du, gestern war ich mit dem Herausgeber von der Zeit einen heben – echt ein klasser Kerl« oder »Ich habe mir jetzt einmal ein anständiges Auto gekauft, immer nur S-Klasse ist ja auch fad …« Verfügen sie zusätzlich über entsprechende Statussymbole, werden diese wie zufällig präsentiert. Aber wie auch bei den Frauen: Es gibt keinen offenen Wettbewerb. Beide Geschlechter scheinen einen offenen Wettbewerb auf das Tunlichste vermeiden zu wollen. Während bei der Frau soziale Exklusion das Risiko darstellt, ist es bei den Männern die Angst vor der Niederlage. Männer hassen Niederlagen vor anderen Männern – sie bedeuten stets einen Start-Nachteil bei der nächsten Konfrontation. Denn Verlierer gehen mit einem geringeren Testosteron-Level in die nächste Konfrontation, Sieger mit einem höheren. Daher rühren auch Formulierungen wie »die Straße der Sieger« oder »sich von Niederlage zu Niederlage hanteln«.

Wer den höchsten Testosteron-Level in seiner Männertruppe hat, gewinnt auch noch auf einer ganz subtilen Ebene: Aus Testosteron machen Bakterien auf der Haut Androstenon – und dieses schickt die Mitbewerber olfaktorisch und ebenso hormonell zurück ins Welpenstadium. Zuviel Androstenon im Raum macht die anderen Männer kooperativer! Sie meiden dadurch tendenziell den Wettbewerb und unterstützen den »Chef«, sie geben sich geschlagen. Autorität kann man riechen, wenn auch nur unbewusst!

Geflirtet wird also immer heimlich. Einem trockenen »Wir sollten einmal nach der Arbeit auf einen Kaffee gehen …« folgen möglicherweise viele SMS, E-Mails und heimliche Anrufe. Hoffentlich bekommen die anderen nichts mit.

Wie ist das Risiko einer üblen Nachrede verteilt? Prinzipiell verliert die Frau immer. Wird sie beim Flirten von Kolleginnen ertappt, schmeißt sie sich entweder dem Typen an den Hals, will sich hochschlafen oder ist einfach nur eine Bitch der übelsten Sorte. Für die Männer wird sie durch ihren Flirt mit dem Neuen natürlich komplett uninteressant. Die Tölpel fühlen sich in ihrer Einzigartigkeit natürlich verletzt. Trägt der anbaggernde Mann ein Risiko? Er möchte nicht öffentlich einen Korb bekommen. Daher darf er nie ernstes Interesse an dem Flirt zeigen! Er muss sein Interesse immer herunterspielen, es als Spiel und Jux vor den anderen Jungs darstellen, sonst wird sein Einsatz zu hoch.

In Summe ist das für beide Grund genug, den Flirt außerhalb des Arbeitsplatzes eskalieren zu lassen. Kommt dann eine öffentliche Beziehung zustande, hat in der Regel die rangniedrigere Person die üble Nachrede, egal welchen Geschlechts.

»Never fuck the office« scheint daher ein Wunsch der Geschäftsführung oder Eigentümer zu sein. Denn ein offener Flirt bedeutet, dass die Mitarbeiterinnen in dieser Zeit ihren Kopf in erster Linie für den aktuellsten Tratsch und das Ausrichten der Flirtenden brauchen; und dass die Männer im Büro, anstelle von produktivem Wettbewerb untereinander, zu lasch und zu kooperativ agieren – Welpen statt Rüden eben.

Affentanz auf der Weihnachtsfeier

Stellen wir uns vor, die jährliche Weihnachtsfeier zündet dieses Jahr erstmals so richtig. Die Feier findet in einer kleinen Diskothek statt, die Belegschaft süffelt sich seit Stunden ein wenig Enthemmung und Partylaune an und der DJ sorgt doch tatsächlich für verdammt gute Stimmung am Parkett.

Das Motto ist Vollgas, im Tank befindet sich bereits ausreichend Treibstoff (Gin & Tonic) und die wabernden Bässe kennen kein Bremsen. Mit anderen Worten: Die Ladys tanzen und die Gentlemen stehen herum und glotzen, während sie sich noch mehr Treibstoff einfüllen. Enthemmung muss man sich schließlich erarbeiten. Die Ladys rufen den Gentlemen zu, sie mögen doch auch auf die Tanzfläche kommen und nicht so fade Zipfel sein – es wäre schließlich Weihnachtsfeier!

Einer der Herren lässt sich eh nur zweimal bitten, dann schmeißt auch er sich ins Getümmel auf der Tanzfläche. Die Damen kreischen und quieken, wenn sich der Dancingboy da so herantanzt und fordern ihn mit Blicken auf, fest weiterzutanzen. Offensichtlich gefällt ihm eine der Kolleginnen besonders gut, denn er tanzt ausschließlich sie an. Dazu sucht er ihren Blickkontakt, weitet sein Gesicht und hofft, in ihrem Gesicht so etwas wie Freude oder Anerkennung zu finden, nach dem Motto: »*Schau, zu was für einem Affen ich mich vor meinen Kollegen mache – und das nur für dich, also bitte, mehr Anerkennung!*«

Und jetzt kommt es, was Verhaltensbiologen vorhersagen, die Synchronisation: Sie nimmt mit ihm Blickkontakt auf, lächelt ihn an und macht eine spezielle Figur beim Tanz, sagen wir, sie reißt beide Arme hoch und wippt mit ihren erhobenen Armen im Takt. Was macht der Affe? Er macht sie nach! Auch er hebt daraufhin seine Arme und wackelt mit ihnen im Takt, sofern er dazu imstande ist. Und wieder versucht er, dafür Anerkennung in Form von Angestrahltwerden zu bekommen.

Sie aber macht gleich die nächste Tanzfigur, klatscht dazu in die Hände und dreht sich daraufhin einmal rhythmisch im Kreis. Was nun folgt, ist klar: Er strahlt sie an, klatscht in die Hände und dreht sich im Kreis. Und solange er auf der Tanzfläche bleibt, wird er stets danach trachten, ihre Bewegungen zu kopieren. Denn die Synchronisation von Verhaltensmustern ist ein wesentliches Merkmal positiv eskalierender Flirts.

Das war auch schon vor dem Tanz gut zu beobachten. Da ist er noch mit ihr an der Bar gestanden und hat sie angebraten. Er machte ihr Komplimente, lud sie auf einen oder drei Drinks ein und bot ihr seine Zigaretten an.

Sie drehte sich daraufhin mit dem Gesicht zur Tanzfläche und lehnte sich mit ihrem Rücken an die Bar. Kurz darauf tat er es ihr gleich. Sie steckte sich eine Zigarette an, er tat es ihr kurz danach gleich. Sie drehte sich wieder zur Bar und sog an ihrem Gin & Tonic, was ist von ihm zu erwarten ...? Genau, er kopiert wieder ihr Verhalten. Sie streckt die ihm zugewandte Halsseite, legt dazu den Kopf schräg, er antwortet kurz darauf mit einem Heben des Kopfs. Sie fährt sich durch das Haar, er fährt sich durch das Haar. Usw. usf. Man kann von Bewegungsecho sprechen.

Das Synchronisieren von Verhaltensmustern ist Anthropologen wohl bekannt. Alle bekannten Kulturen haben im Rahmen ihrer durchorganisierten Verpartnerungen formalisierte Werbungsrituale, genannt Tanz, die dem Mann und der Frau die Chance geben, eine Synchronisierung zu erzeugen und damit die Eignung für eine Partnerschaft abzutesten. So beobachtet von den Wissenschaftern T. K. Pitcairn und Margaret Schleidt, 1976 bei den Medlpas auf Neuguinea, die durch gegenseitiges Nasereiben einen ihnen eigenen Rhythmus finden, der den Grad der Harmonie wahrscheinlich in sich trägt.

Woher kommt das?

Der Neuroendokrinologe William Etkin meinte dazu 1964, dass Verhaltenssynchronisation in der Tierwelt der Anlockung und Aggressionshemmung dient. David Barash, ein Psychologe, erweiterte die These 1977 dahingehend, dass es ein sich gut koordinierendes Paar leichter hat, ein Territorium zu verteidigen, Nachkommen zu zeugen und die Aufgaben im Zuge der Aufzucht zu erledigen. Wir Menschen sprechen von blindem Verständnis, wobei taubes Verständnis meines Erachtens die klügere Formulierung wäre. Aufeinander abgestimmtes Verhalten scheint das Um und Auf funktionierender Partnerschaften zu sein – Grund genug, dies im Vorfeld bei der Partnerfindung einmal, zweimal oder gleich andauernd abzutesten.

Verhaltensbiologe und Flirtspezialist Karl Grammer schreibt in seinem Standardwerk »Signale der Liebe« dazu Folgendes: *»Die Männer erstarren jedoch angesichts einer Frau. Sie sind insgesamt gehemmter, unterlassen eher Bewegungen und werden auch nicht durch eigenes Interesse dazu motiviert, sich häufiger zu bewegen. Frauen agieren mehr, die Häufigkeit ihrer Bewegungen nimmt mit ihrem Interesse am Mann zu. Das weibliche Geschlecht zeigt sein Interesse am Mann durch vermehrte Bewegungen an und teilt seine Sympathie durch viele Gesten, Positionswechsel und Handbewegungen mit. Sie korrigieren häufiger den Sitz ihrer Kleidung, machen gesprächsbegleitende Handbewegungen und wechseln die Sitzposition, indem sie die Oberarme leicht vom Körper abspreizen, die Unterschenkel ausstrecken und wieder anziehen. Sind die Frauen dagegen uninteressiert, frieren ihre Bewegungen zu statischen Positionen ein.«*

Die Synchronisation zwischen beiden findet ausschließlich dann statt, wenn die Frau Interesse am Mann hat. Interessiert jedoch sie sich für ihn und signalisiert das auch, sein Interesse ist jedoch nicht ganz so ausgeprägt, sollte sie eher sparsam mit ihren Signalen umgehen. Je initiativer die Frau ist, desto desinteressierter ist der Mann. Signale sexueller Bereitschaft und Verfügbarkeit sind für Männer so ziemlich die letzten Botschaften, die sie von Frauen gesendet bekommen wollen. Ein Knock-out-Kriterium für Männer. Da helfen dann auch keine neue Frisur oder sonstige attraktivitätserhöhende Maßnahmen ihrerseits.

Um es noch einmal zusammenzufassen: Das unterschiedliche Investment in den Nachwuchs ist die treibende Kraft schlechthin, wenn es um Zwischenmenschliches, aber auch um Karrieremäßiges geht. Da die Frau vom Mann Status erwartet, gehen die Männer dazu demonstrativ in den Wettkampf. Gut für die Wirtschaft! Die Männer müssen daher ihren Status auch zeigen können – sonst hilft er ihnen bei der Partnerfindung nicht. Die Männer hingegen suchen attraktive Partnerinnen und verrechnen die Attraktivität der aktuellen oder potenziellen Partnerin mit ihrem Status. Dicht in ihr Netzwerk verwoben können Frauen jedoch nicht allzu öffentlich ihr Interesse zeigen. Daher läuft die Flirtanbahnung in wenigen Sekunden mit wenigen Blicken ab, zumindest solange man nüchtern ist. Bei Anlässen mit Alkoholkonsum zwecks Enthemmung können Sie sehr schön die Synchronisation potenzieller Pärchen beobachten. Oder Sie erkennen, dass die männlichen Avancen im Sand verlaufen daran, dass beide in ihren Bewegungen letztendlich erstarren. Interessiert sie sich nicht für ihn, kann er posen, so viel er will. Er sollte dringend um Gehaltserhöhung und einen größeren Dienstwagen ansuchen. Das hilft eher. Sorry, Ladys!

BÜRO, BÜRO!

E-Mail-Eskalation

Mit E-Mails kann man ganz schönen Schaden anrichten. Das Problem ist, dass sie sukzessive das gesprochene Wort ersetzt haben. Nur, dass wir beim gesprochenen Wort, vulgo Telefonat, die Zwischentöne wahrnehmen können, Zynismen verstehen und lakonische Bemerkungen als solche erkennen und einordnen können. Bei E-Mails geht das kaum. Da muss jemand schon sehr gut Prosa verfassen können, damit flotte Mitteilungen zwischen Kolleginnen und Kollegen wirklich so verstanden werden, wie sie zu verstehen beabsichtigt waren.

»Liebe Babsi,
das heute im Besprechungszimmer hat uns schon sehr gewundert. Wir dachten, du würdest zu dem stehen, was wir vorher vereinbart hatten. Aber offensichtlich ist dir die Zuneigung vom Chef wichtiger als unsere Loyalität. Dein kurzer Rock hätte mir eh gleich zu denken geben sollen. Selbst Peter vom Nachbarbüro war überrascht, dass du so schnell die Seiten wechselst. Na ja, wieder einmal in einem Menschen geirrt ...
lg Cora

Schon erlebt? Man öffnet ein E-Mail, liest die ersten Zeilen und regt sich sofort auf. Da türmt sich Frechheit auf Frechheit, gepaart mit Unterstellungen und etwaigem Denunziantentum. Na, warte, da werde ich gleich zurückpfeffern! Man fühlt sich falsch interpretiert oder gar böswillig falsch verstanden, wähnt sich im Recht und verfasst sofort eine Antwort, die sich gewaschen hat. Absenden.

Der Empfänger liest dies, ärgert sich maßlos, verfasst sofort ein Gegen-Pamphlet und kopiert noch den Geschäftsführer und die Abteilungsleiterin ins Cc. Absenden.

Der Adressat liest dies, erkennt die Multiplikation der Vorwürfe und Unterstellungen durch die Führungskräfte im Cc und würde am liebsten zur Waffe greifen. Die einzige Waffe ist aber das E-Mail – und so geht es hin und her und her und hin.

Man kann mit Fug und Recht behaupten, die Situation sei eskaliert. Aber warum? Ganz einfach: Uns fehlen bei E-Mails die Emotionen, die wesentlichen Botschaften beim Kommunizieren untereinander. Alleine die pure Botschaft, der Content, reicht nicht, um sich offensichtlich ausreichend verständlich zu machen. Wir brauchen dringend Anhaltspunkte, wie etwas gemeint sei – und nicht nur den Inhalt!

Dazu haben wir Menschen uns recht flott die Emoticons und Emojis entwickelt. Texte quellen seither über vor Emoticons. Aber wehe, man vergisst einmal bei einer launigen Bemerkung auf Facebook den zwinkernden Emoji ;-) ein Shitstorm zieht dann schneller auf, als man bis drei zählen kann!

Ein E-Mail, das in einer anderen Tonalität gelesen wird, als es geschrieben wurde, kann viel Schaden anrichten. Denn es emotionalisiert den Empfänger! Und Emotionen waren noch nie gute Ratgeber. Sie engen unsere Wahrnehmung ein und gaukeln uns schnelle, sichere Lösungen vor – das Antwort-E-Mail.

Klüger ist es daher, das Antwort-E-Mail zwar zu schreiben (aus pädagogischer Sicht), es aber nicht abzusenden. Erst wenn die Emotionen wieder abgeklungen sind, wenn man wieder klarsieht und das Hirn nicht mehr überhitzt zu falschen Schlüssen rät, also am nächsten Tag nach einigen Stunden Schlaf, kann man das in den Entwürfen gespeicherte E-Mail noch einmal durchlesen, sich beim Herrgott bedanken, dass man es nicht abgeschickt hat und besten Gewissens löschen. Ich verspreche Ihnen, dass Sie ein emotional geschriebenes E-Mail am nächsten Tag nicht abschicken werden! Sie werden sich wundern, welchen Schaden Sie damit abhalten können ... und dankbar sein dafür. Deshalb ist es pädagogisch wertvoll, es zwar zu schreiben, es aber erst am nächsten Tag zu kontrollieren.

Wer Zeit und Nerven sparen möchte, sucht das direkte Gespräch oder greift zum Telefon.

Im Controlling

Kaum eine andere Funktionseinheit innerhalb eines Unternehmens ist so gefürchtet wie das Controlling. Die Mitarbeiterinnen und Mitarbeiter des Controllings leiden unter jeder Menge Vorurteile. Sie wären Zahlenreiter, konzentrierten sich nur auf Ziffern, treffen ausschließlich zahlengestützte Entscheidungen und führen am Ende des Tages zu Budgetkürzungen, Mitarbeiterabbau und geringeren Entfaltungsmöglichkeiten im Unternehmen.

Das kann durchaus vorkommen. Das Controlling sichert aber auch die Honorare, die Löhne, die Urlaubs- und Weihnachtsgelder und schafft damit Einkommenssicherheit für die Mitarbeiter und die Lieferanten. Ohne gutes Controlling kann kein Unternehmen bestehen und es gibt folglich keine Wertschöpfung. Die Aufgabe des Controllings ist es, das Ganze im Auge zu behalten. Und das nervt! Denn nur ein genervter, übel gelaunter Controller macht seine Arbeit wirklich gut. Wie kommt's?

Joseph Paul Forgas, ein australischer Wissenschaftler an der School of Psychology an der Universität von New South Wales in Sydney, erforscht soziale Interaktionen, soziale Urteile und soziale Kognition. Und dabei hat er einen wunderbaren Effekt entdeckt: Wer übel gelaunt ist, macht weniger Fehler, ist konzentrierter bei der Arbeit, kritischer in der Bewertung und konsistenter im Denken als jene, die gut gelaunt sind. (Siehe Reaktion des Publikums auf einen Vortragenden Seite 85 ff.)

Was Forgas beschreibt, lässt sich als Plädoyer für schlechte Laune lesen: Das Gedächtnis funktioniert besser und die analytischen Fähigkeiten sind geschärft.

Zwar wird einem über die Medien und tonnenweise Ratgebern eingetrichtert, wie schön es die gutgelaunten, optimistischen Menschen hätten, um wie viel länger sie leben würden und wie seltener sie an Herz- und Gefäßerkrankungen sterben würden. Auch lassen die Gutgelaunten die Schlechtgelaunten nicht in Ruhe schlecht gelaunt sein, sondern spüren eine seltsame Art Zwang, diese zu missionieren: »*Komm, sei nicht so schlecht gelaunt heute, schau, die Sonne scheint!*« Die einzig passende Antwort eines übel gelaunten Kollegen darauf wäre: »*Aber ich kontrolliere gerade deine Jahreszahlen, da gibt es nichts zu lachen.*«

Schlechte Laune wird gerade einmal bei Künstlern und Kreativen akzeptiert. Quasi als Attitüde, als depressive Grundvoraussetzung, um etwas Kreatives schaffen zu können. Schwermütige Dichter, übellaunige Dirigenten, depressive Songwriter – da passt das der Allgemeinheit schon. Aber bitte nicht am Arbeitsplatz!

Forgas und seine Kolleginnen und Kollegen zeigten mit ihrer Forschung, dass schlechte Laune zu einem schnelleren und damit flexibleren Denken führt. Schlecht gelaunte Menschen passen sich damit schneller neuen Begebenheiten an, akzeptieren Veränderungen und denken bereits über ihre Anpassungen nach, während die gut gelaunten Kollegen noch im Widerstand gegen Neuerungen verharren. Das Vertrauen in Stereotype sinkt mit dem Ausmaß an schlechter Laune, flexibleres Handeln ist die Folge. Selbst ethische Aspekte wie Fairness und Gerechtigkeit bekommen von nörgelnden Übellaunigen mehr Bedeutung zugeordnet.

Die Gute-Laune-Bären und die Mies-gelaunt-Fraktion

Es gibt in Rahmen sozialer Interaktionen etwas, das von der Wissenschaft »Fundamental Attribution Error« genannt wird: Dieser tritt auf, wenn Menschen versuchen, das Verhalten ihrer Mitmenschen zu erklären. Es scheint evident, dass Menschen tendenziell die Ursache für die Verhaltensweisen ihrer Mitmenschen deren Persönlichkeiten, deren inneren Werten zuschreiben – *in extremis* deren genetischen Dispositionen. Grund und Ursache für deren Verhalten liege demnach stets beim Menschen selbst. Das ist jedoch nicht immer richtig – deshalb auch »Error«! Sehr oft sind es äußere Umstände, die einen Menschen so oder so handeln lassen. Dies beschreibt der fundamentale Zuordnungsfehler.

Und jetzt kommt es: Während die Gute-Laune-Bären davon ausgehen, dass alles am Menschen selbst liegt, ziehen schlecht gelaunte Nörgler durchaus auch deren äußere Umstände in Betracht und integrieren sie in ihren Zuschreibungen. Das bedeutet mehr Fairness, offeneren Geist und in Summe ein sozialeres Verhalten. »Negative Affekte erhöhen die Sorge um andere«, schreibt Forgas. Er hat bewiesen, dass kurzzeitige Übellaunigkeit Menschen zu mehr Umsicht und Höflichkeit verleitet. Im Rahmen eines Experiments bat Forgas die Probanden, einen Text aufzusetzen, innerhalb dessen sie für einen kontroversiellen Standpunkt Stimmung machen und Argumentation liefern sollten. Das Ergebnis war verblüffend! Die Übellaunigen mit gedrückter Stimmung fanden einen angemesseneren Tonfall, bessere Argumente und sachlichere Inhalte, die sie noch dazu rücksichtsvoller verpackten. Sie hatten durch die Bank bessere Ergebnisse damit erzielt als die eher direkten, durchaus rüde agierenden Sonnenscheine der Gute-Laune-Fraktion.

Übellaunige können sich auch mehr merken: Sie erinnern sich in Zeugensituationen an mehr Details, liefern präzisere Berichte. Kaum verändert man durch »Vorgeschichten« die Laune oder Stimmung der Probanden, schon greift man direkt in deren Gedächtnisleistung ein! Sie kippen ins Analytische, sind pingeliger und weniger gutgläubig als die Gutgelaunten.

Denn Gutgelaunte sind »denkfaul«, alles geht so einfach und greift so schlüssig ineinander. Diese kognitive Leichtigkeit scheint der Welt die Probleme zu nehmen. Wer Unsinn von Sinn trennen möchte, muss sich jedoch geistig mächtig anstrengen – und genau dazu sind Übellaunige deutlich bereiter als Gutgelaunte. Üble Laune macht den Menschen skeptisch.

Und jetzt die Frage: In welcher Laune sollten Sie ein Angebot, das Ihnen gestellt wurde, lesen? In welchem Gemütszustand analysieren Sie optimal einen Vertragsentwurf der Gegenseite?

Es ist spannend zu beobachten, wie schnell sich die Miene eines gerade noch gut gelaunten Menschen ändert, wenn er eine Gebrauchsanweisung, einen Vertragsentwurf oder eine Versicherungspolizze lesen muss! Das Gesicht zieht sich zusammen, die Brauen rücken nach unten und werden eng, die Lippen werden schmal und die gesamte Mimik vermittelt: »Ich bin böse«. Auch bei Kolleginnen, die einen Text korrekturlesen, ist diese Mimik deutlich zu sehen. Und wer in seinem elektronischen Kalender verzweifelt nach freien Terminfenstern sucht, wird ähnlich dreinschauen – es darf einem nichts entgehen und man darf auch keinen Fehler dabei machen. Die Laune kippt automatisch und meist für alle offensichtlich ins Negative.

Kurzfristige Übellaunigkeit reduziert den Halo-Effekt: Dieser beschreibt das Ausweiten einer speziellen Eigenschaftszuschreibung auf das Gesamtpaket. Wenn Menschen von der Kleidung auf den Charakter schließen, unterliegen sie dem Halo-Effekt. Wenn die Brille für Intelligenz steht – Halo-Effekt. Übellaunige unterliegen diesem Effekt deutlich weniger, sie lassen sich nicht so einfach von Details blenden. Eventuell lässt sich daraus ja eine Empfehlung für Vorstellungsgespräche ableiten …?

Beim Vorstellungsgespräch hat sich der Vorstellende entsprechend aufmunitioniert: Er stellt sich und seine Eigenschaften schlüssig ins rechte Licht, der Lebenslauf erzählt eine Erfolgsgeschichte, alles fügt sich schön ineinander und die Kompetenzen scheinen breit und profund. Gelingt es dem sich Vorstellenden, damit seinen prospektiven Arbeitgeber zu beeindrucken, ja, nachgerade einzulullen, wird dieser nur wenig Zweifel an dessen Selbstdarstellung aufkommen lassen. Er ist dann bereits in die kognitive Leichtigkeit gekippt und kann nicht mehr entsprechend analytisch denken und entscheiden. Er spricht in diesem Fall von einem »guten Bauchgefühl« bei diesem Kandidaten. Wie ein stets gut gelaunter Golden-Retriever läuft der Arbeitgeber jedem gedanklich geworfenen Stöckchen hinterher und apportiert es brav. Das gute Gefühl belohnt ihn dafür. Wäre er hingegen ein übellauniger Dackel, würde er das Spiel hinterfragen, sich nicht locken und verlocken lassen und dann eventuell eine rationale und nicht emotionale Entscheidung treffen.

Was kann der Unternehmer in der Praxis nun machen? Er setzt beim Vorstellungsgespräch jemanden neben sich, der anders als er gelaunt ist, zum Beispiel die kategorisch über-kritische Sekretärin, Motto »*Den hab ich schon gefressen*«. Gemeinsam können sie sich nach dem Vorstellungsgespräch austauschen und so zu einer vernünftigen Lösung kommen.

Übellaunige Assessoren sind die besten Beobachter und Bewerter. Gefeit vor Blendungen legen sie das Faktische offen und machen Schwächen offensichtlich. Damit sind sie wertvolle Diener des Unternehmens. Denn so schützen sie das Unternehmen vor schlechten Entscheidungen.

Es wäre zu platt, Unternehmerinnen zu empfehlen, in ihren Unternehmen für schlechte Laune zu sorgen, weil das die Leistungsfähigkeit in Summe positiv beeinflussen würde. Das klappte nicht. Denn all die beschriebenen Phänomene tauchen nur unter einer Prämisse auf: Die schlechte Laune muss kurzfristig sein. Bei dauerhafter Übellaunigkeit gehen deren positiven Aspekte verloren. Es würde also schon rei-chen, die weniger gut gelaunten Kollegen in ihrem Zustand zu belassen und von Missioniertätigkeiten Abstand zu neh-men.

Und für einen selbst? Nur wer zur Selbstreflexion fähig ist, hat die Möglichkeit, an sich zu arbeiten. Wer, zum Beispiel im Rahmen eines Vortrags, an sich als Zuhörer feststellt, dass all die Erklärungen und Geschichten vom Vortragen-den so einfach und schön zusammenpassen, wird an sich die Folgen der kognitiven Leichtigkeit verspüren und alles kri-tiklos hinnehmen. Hier könnte man an sich zu arbeiten be-ginnen ... im Falle dieses Buchs bitte ich Sie natürlich, wei-terhin der kognitiven Leichtigkeit zu frönen.

WILLKOMMEN IN
DER CHEFETAGE

Status, Hierarchie, Rangordnung –
die Insignien der Macht

Wenn mehrere Menschen zusammenkommen, wirken in der Regel zwei Kräfte auf diese ein. Die erste Kraft bewirkt eine Gruppenbildung, die zweite Kraft schafft innerhalb der Gruppen eine Rangordnung, aber auch zwischen den Gruppen. Beide Kräfte zusammen errichten letztendlich ein hierarchisches System, innerhalb dessen jeder seinen Rang einnimmt und dort eine ihm zugeordnete Macht zugestanden bekommt.

Macht beschreibt die Möglichkeit, den eigenen Willen gegen Widerstände, andere Meinungen und divergierende Absichten durchzusetzen, egal wodurch diese Macht begründet ist. Das kann Geld sein, das kann Kompetenz sein, das kann aber auch Gewalt gegenüber Schwächeren sein. Macht ist somit eine Funktion, während Dominanz oder Herrschaft viel mehr eine Beziehung beschreiben. Nach dem Wirtschaftssoziologen Gerd Reinhold ist Herrschaft/Dominanz eine soziale Überordnung, die den Herrschenden ein gewisses Ausmaß an Befehlsgewalt einräume und den Beherrschten gewisse Befolgungszwänge anordne. Macht und Dominanz scheinen also keine Persönlichkeitseigenschaften zu sein, sondern beschreiben ein Wirkungsgefüge. Der Zweck der Macht ist einfach: Es geht, wie fast immer, um den Zugang zu Ressourcen!

Dominanz und Unterordnung für ein friedliches Miteinander

Das Spannende an Hierarchien ist, dass Menschen einerseits eine möglicherweise angeborene Abneigung gegenüber Dominanzstrukturen haben, allerdings bringen sie auch eine gehörige Bereitschaft zur Ein- und Unterordnung mit auf diese Welt.

Sich unter dem Bildnis einer Autorität (z.B. ein Che-Guevara-Bild) antiautoritär zu geben, ist ganz typisch für uns Menschen. Warum, was ist der Benefit einer Struktur, die hierarchisch aufgebaut und durch dominantes Verhalten aufrechterhalten wird? Wo ist der Benefit für die Untergeordneten? Nun, es scheint in erster Linie der Frieden zu sein, der sich bei stabilen Rangverhältnissen rasch einstellt. Hat einmal jeder seine Position eingenommen und akzeptiert, tritt z.B. in Paviangruppen eine unglaublich gelöste Entspannung ein. Die Individuen haben dann Zeit, einander näherzukommen, Nettigkeiten auszutauschen und den Herrgott einen guten Mann sein lassen (falls Paviane einen solchen haben).

Bei den Menschen funktionieren Teams nur dann wirklich gut, wenn alle an einem Strang ziehen, wenn jeder seine Rolle kennt und weiß, wann er dran und gefordert ist. Und solange das Team sich mit seinen Aufgaben auseinandersetzt, ist auch keine Ressource für Rangstreitigkeiten frei. Denn Rangstreitigkeiten sind extrem kräftezehrend. Sowohl der Herausforderer als auch das Alpha-Männchen müssen viel Energie investieren, um ihren Rang zu erhöhen bzw. zu verteidigen. Und die Beobachter dieser Rangkämpfe sind in der Regel auch extrem erregt.

Denn ändert sich ein Rangsystem, geht zum Beispiel der Seniorchef in Pension und übergibt sein Zepter einem anderen, ist jeder davon betroffen. Die Verbündeten des ehemaligen Alphas, die Verbündeten des nun siegreichen Herausforderers, deren Weibchen, deren Kinder ... wenn sich Rangsysteme ändern, bleibt kein Stein auf dem anderen. Jede Position muss komplett neu ausgestritten werden – nicht nur die Spitze! Stabile Hierarchien befreien die Teams von solchen Energieräubern, das ist der wahre Benefit.

Die Verhaltensbiologin Barbara Hold (1967, 1977) studierte in europäischen und japanischen Kindergärten die Selbstorganisation der Kindergruppen. Zu Beginn jedes Gruppenjahres, wenn viele neu eintretende Kinder auftauchen, herrscht ein recht hoher Level an aggressivem Verhalten und Imponiergehabe. Sowie sich Hierarchien etablieren, flaut die Aggression ab und die Kinder können sich dem Spielen hingeben. Die Oberhand gewinnen bei diesen ersten Rangkämpfen übrigens nicht die Aggressivsten, sondern jene Kinder, die sich als sehr fürsorglich erweisen. Hohes Ansehen bei Kindern bedingt folgende Verhaltensweisen: Sie initiieren Spiele, organisieren die Spieltätigkeit der anderen Kinder, spielen mit verschiedenen Kindern und schlichten Streit, in dem sie die Schwächeren und die Verlierer schützen. Karl Grammer zeigte 1982, dass sich Emporkömmlinge gegen den »Boss« zusammentun und einander im Kampf um die Spitze unterstützen. Und erst, wenn sie selber an der Spitze sind, fangen sie wieder an, die Schwächeren zu unterstützen.

Und was machen die Rangniederen? Sie gaffen. Sie beobachten fast die gesamte Zeit die Ranghöchsten, gehorchen diesen und suchen deren Nähe. Sie sorgen für ein hohes »Ansehen«!

Untersuchungen bei den zum Volk der San gehörenden Gwi-Buschleuten in der Kalahari stützten diese Beobachtungen. Es scheint zum Wesen des Menschen zu gehören, dass der Ranghöchste durch Fürsorge seine Position festigen kann. Daher wird in der Verhaltensbiologie klar fürsorgliche Dominanz von repressiver, also unterdrückender Dominanz unterschieden.

Wie sieht das in Unternehmen aus? Kaum ein arbeitender Mensch, der nicht beide Varianten von Führungskräften kennt – und unter den repressiven Dominanten gelitten hätte: Dazu gehören unter anderem das Anbrüllen vor Dritten, das Runtermachen, das Unterbrechen, das sich selbst Bedienen am fremden Arbeitsplatz, das tägliche Die-Macht-spüren-Lassen ... entsetzliche Verhaltensmuster, die der Erniedrigung eines Mitarbeiters dienen.

Kinder, die eine Gruppe führen, präsentieren sich in erster Linie laut (Buben), machen verbal (Buben und Mädchen) heftig auf sich aufmerksam und zeigen Verhaltensweisen des Drohens (Buben doppelt so oft wie Mädchen). Angeberei ist interessanterweise keine typische Verhaltensweise zukünftiger Führungskräfte.

Übrigens, Primaten machen das nicht anders als wir Menschen. Auch bei unseren affigen Geschwistern geht es um das Auffallen, um nach oben zu gelangen. Die Rangniedrigen verhalten sich ebenfalls ähnlich, suchen stets die Nähe des Ranghöchsten und genießen es, wenn dieser sie laust (groomt). Dann wachsen sie in dessen Schatten. Ich kann mir richtig vorstellen, wie rangniedere Schimpansen untereinander damit angeben, dass sie der Chef gelaust habe, dass sie die ganze Zeit neben ihm sitzen hätten dürfen ... so wie es die Manager machen, die erzählen, wen sie nicht aller kennen, mit wem sie unlängst Abendessen waren und dass der berühmte Professor für Verhaltensbiologie ein alter Freund wäre – er wäre übrigens für den Nobelpreis nominiert ...

Wir sind nach wie vor Affen, nur auf einem anderen Niveau.

Auf dem Weg zum Chefbüro

Am besten erkennen wir Ranghohe daran, dass sie mehr Ansehen genießen als Rangniedere. Sie werden einfach öfter und länger von Rangniederen angesehen. Und sie tun einiges dafür: Sie legen Wert auf den Kopf der Tafel, gerne auch als Vorsitz bezeichnet. Dort können sie von allen problemlos angesehen werden. Oft ist dieser Stuhl besonders ausgestaltet. Sie machen Erklärungen von erhöhten Positionen aus, damit die anderen sie besser sehen können. Bei Konferenzen sind die Sitzplätze der Ranghöchsten klar zugeteilt: Erste Reihe Mitte. Und wehe, das ist nicht der Fall!

Aber wie wird man zum Leader? Was wünschen sich die Niederrangigen? In erster Linie müssen Leader eine fürsorgliche Dominanz ausüben. Repressive Dominanz ist nicht gerade populär. Die Fähigkeiten, Streit zu schlichten, Projekte zu initiieren und den Zusammenhalt der Gruppe zu fördern, sind hier von eminenter Wichtigkeit. Wer das kann, bekommt von den anderen eventuell diesen Status verliehen. Dann läuft alles wie von selbst.

Wie bildet sich bei Tieren eine Rang- oder Hackordnung aus? Die Autoren Matthias Uhl und Eckart Voland beschreiben in ihrem Buch »Angeber haben mehr vom Leben« das Zustandekommen einer Hackordnung bei den Kammhühnern. Diese sind nach den Hautlappen benannt, die den Tieren entlang des Scheitels wachsen. Dieses Gewebe hat keinen speziellen Nutzen, ist aber stark durchblutet. Es verursacht Kosten (Stichwort Handicap-Prinzip, siehe Seite 38). Je besser es durchblutet ist, desto fitter und gesünder ist das

Tier, dem dieser Kamm schwillt. Bei den Männchen ist dieser Kamm größer. Die Größe des Kamms ist ein guter Auskunftgeber über den Rang des Tieres in der Hackordnung. Je größer der Kamm, desto höher die Stellung des Tieres in seiner Hierarchie.

Wenn zwei Männchen einen Kampf austragen, so versuchen sie, den Kamm des anderen zu verletzen und damit zu verkleinern. Blutet bei einem der Tiere der Kamm, ist der Kampf vorbei und der Sieger steht fest. Je größer ein Kamm ist, desto leichter ist er zu treffen. Er stellt ergo ein Handicap dar. Aber wer es schafft, so einen großen Kamm zu erhalten, scheint seine Kämpfe in der Regel zu gewinnen. Und da haben wir schon die Signalfunktion des Kamms: »Meiner ist größer als deiner, also versuche erst gar nicht, dich mit mir zu messen.« Dieses Signal funktioniert ganz wunderbar. Der Herausforderer mustert den Kamm seines ranghöheren Kontrahenten und gibt klein bei. Er spart sich so Verletzungen und Narben, die in den nächsten Challenges natürlich Beweise vergangener Niederlagen sind. Und wer möchte diese schon offenbaren? Beide profitieren von diesem Unterordnungsverhalten des vermeintlich Schwächeren.

Läuft das nicht ähnlich im Business? Ein kurzes Drohen, infolge eine Machtdemonstration des Mächtigeren, und die Sache ist erledigt.

Allerdings kann sich eine Führungskraft von einem großen Unternehmen nicht rund um die Uhr irgendwelchen Herausforderern stellen und diesen durch Demonstration ihrer Überlegenheit ihren Platz deutlich machen. Die Führungskraft braucht etwas, das das ständige Kräftemessen verhindert. Die Kräfte braucht sie nämlich zum Führen des Unternehmens! Das Mittel der Wahl nennt man Nachrede. Denn wenn sich potenzielle Herausforderer austauschen, wenn schon die Nachrede die Herausforderer erzittern lässt, braucht sich die Führungskraft nicht ständig mit diesen konfrontiert sehen. Was es dazu braucht, ist ein funktionierendes Gerüchte-Verteil-System (GVS) im Unternehmen. Neue Mitarbeiter, sagen wir zweite Managementebene, müssen via Gerüchteküche möglichst rasch erfahren, wie groß »der Kamm« des Chefs ist – sonst werden sie versuchen, den Kamm selbst einmal in Action zu erleben. Und dafür sollte die Führungskraft eigentlich keine Ressourcen verschwenden müssen.

Sehr hilfreich sind diesbezüglich gelegentliche öffentliche »Anschisse«, die sich natürlich wie ein Lauffeuer als neuester Tratsch im Unternehmen verteilen. Mehr dazu im Kapitel »Mad Dog«.

Dieses Spiel findet übrigens nicht nur in der ersten, zweiten Managementebene statt. Das ist vom Reinigungstrupp, über das Backoffice bis hinein in sämtliche Abteilungen zu beobachten. Es ist uns Menschen am Arbeitsplatz eigen. Und dafür gibt es einen guten Grund! Das temporäre Einzementieren von Rangpositionen in einer Abteilung, in der Führungsetage und im Vorstand sorgt für einen sparsamen Umgang mit Ressourcen. Denn nichts kostet mehr Kraft als ständiges Sägen am Sessel – dem Sägenden wie dem Sitzenden. Bekommt man das nicht in den Griff, kann es ruinös werden.

Aus dem Ruder gelaufen

Eine Rangordnung kann nur zustandekommen, wenn es einerseits Rangstreben, andererseits die Bereitschaft zur Unterordnung gibt. Wenn einer der beiden Bestandteile zu stark ausgeprägt ist, wird es problematisch, dann läuft ein Rangsystem aus dem Ruder.

Übertreibt der Dominante durch Repressionen das Einzementieren seines Status, kann es sein, dass sich die Untergeordneten zusammentun, Allianzen schließen und den Repressor aus seiner Position jagen. Der Fall der Mauer zwischen der DDR und der BRD war so ein Fall.

Übertreiben es aber die Gehorsamen, die Untergeordneten, kann es ebenso zu einer fatalen Schieflage kommen. Dann ist es nicht ein Zuviel an Aggression, sondern ein Zuviel an Loyalität, das letztendlich in die Irre führt: Stephen Milgram hat dies mit dem berühmten und schließlich verfilmten Experiment in den Sechzigerjahren demonstriert: Milgram gab vor, die Auswirkung von Bestrafung auf das Lernen untersuchen zu wollen. Dazu brauchte er Assistenten, welche bei Falschantworten der Versuchsperson durch einen in der Intensität regelbaren Stromstoß Schmerzen zufügten. Das war natürlich ein Fake, aber die Assistenten, die eigentlichen Versuchspersonen, ahnten nichts davon. Sie taten, wie es ihnen angeschafft wurde, steigerten bei jedem neuen Fehler die Stromintensität und nahmen die (falschen) immer heftiger werdenden Schmerzkundgebungen zur Kenntnis. Ja, 62,5% der Assistenten waren bereit, den maximal starken Stromschlag zu aktivieren, nicht jedoch ohne vorher ihre Skrupel kundgetan und die Verantwortung für die etwaigen Folgen dem Versuchsleiter verbal übertragen zu haben.

Grotesk! Die Assistenten hatten Gewissensbisse, wussten über ihr Tun Bescheid, aber fühlten sich gegenüber dem Versuchsleiter verpflichtet. Ihnen war die Loyalität im Rahmen ihres Ethos der gewichtigere Aspekt. Das Mitleid stellten sie hinten an.

Könige im Zwergenreich

Das Streben nach Ranghöhe wird dadurch erklärt, dass Ranghohe einen erleichterten Ressourcenzugang haben. Bei Affen ist es das Vorrecht am Futterplatz, die bessere Verfügbarkeit der Weibchen und damit ein höherer Fortpflanzungserfolg. Ob das bei uns Menschen anders ist? Wohl nicht.

Das Bedürfnis, Ansehen zu gewinnen, ist bei uns Menschen so groß, dass wir uns nötigenfalls selber kleine Reiche schaffen, in denen wir König spielen dürfen – die Vereine.

Jeder Verein hat viele und hohe Positionen zu vergeben, es gibt sogar den Titel des Präsidenten. Selbst die katholische Kirche agiert so. Und wer eine Position innehat, zeigt diese mithilfe von Kleidung, Abzeichen oder anderen Insignien der Macht. Und sei es nur der einzige Schlüssel zum Vereinslokal. Stichwort Schlüssel: Der in einer Schule Rangniederste ist in der Regel der Schulwart. Kein akademischer Abschluss, kleines Einkommen, selten ein schöner Arbeitsplatz. Aber: Er hat die Schlüssel! Er kann Allen Zugang wohin auch immer verschaffen. Er hat damit eine gewisse Macht, das weiß er, und in der Regel verscherzt es sich keiner mit ihm. Und was hat er stets schön demonstrativ am Hosenbund hängen? Womit klingelt er bei jedem Schritt durch die Stiegenhäuser des Schulgebäudes? Womit erinnert er uns ständig daran, dass auch er als siebenter Zwerg von links Macht hat? Mit seinem omnipräsenten Schlüsselbund. Den hält er hoch, den präsentiert er, den gibt er nicht aus der Hand. Wer sich an den Portier seines Unternehmens erinnert fühlt, liegt ganz richtig. Auch der Portier hat Macht und keiner möchte es sich mit ihm verscherzen. Deshalb werden Portiere meist besonders freundlich begrüßt, man tauscht Witziges aus, überreicht eventuell kleine Aufmerksamkeiten … wer weiß, wozu er einem noch nützlich sein kann.

Die Vereinsmeierei zeigt ein Phänomen ganz deutlich, das Phänomen der Rangmimikry. Wer künstlich geschaffene Positionen innehat, zeigt dies meist mit seiner Kleidung, seinen Statussymbolen, mit seinem Gestus. Damit werden in der Regel die echten »Herrscher« und Ranghohen nachgeahmt, die deshalb ihre Attitüden wieder ändern müssen, damit man sie nicht mit dem Plebs verwechseln kann. Das kostet viel Geld. Denn nur jene Statussymbole und Attitüden funktionieren, die den »Normalos« nicht möglich sind, die sie sich nicht leisten können. So treiben die Rangniedrigen die Ranghohen durch Nachahmung und Mimikry vor sich her.

Was Eitelkeit alles bewirkt ... Es geht aber auch in die andere Richtung ...

Hilfsbereitschaft – Wer hilft wem?

Wer mit sozial freundlichen Gesten jemand anderem zuvorkommt und dabei beobachtet wird, steigt im Ansehen der Beobachter, so zeigen es viele Studien. Kooperatives Verhalten und Hilfsbereitschaft sind wesentliche Eigenschaften, die man demonstrieren sollte, möchte man von seiner Gruppe als Führungskraft anerkannt werden.

In einer ORF-Sendung demonstrierte der damalige Airline-Chef Niki Lauda vor laufender Kamera, dass er sich nicht zu gut ist, selbst die Flugzeugtoilette in einem seiner Flieger zu reinigen. Er griff zum Klobesen und demonstrierte damit in der Klomuschel kreisend deutlich, wer der Chef der Airline ist. Ein größeres Publikum war für diese Aktion kaum machbar. Damit hat Lauda intern eine ganz klare Botschaft gesendet: Der Boss bin ich – Ihr könnt mir nichts vormachen. Smart, der Niki.

Sich für keine Arbeit zu gut sein und dies auch zu demonstrieren, ist ein wesentlicher Schlüssel zur Anerkennung des eigenen Führungsanspruchs durch die Belegschaft. Hat man sich diese Anerkennung einmal erarbeitet, reicht in der Regel der Tratsch innerhalb der Belegschaft, um den Status aufrechtzuhalten. Es tut nicht weh, vor einem Meeting seinen Mitarbeitern einen Kaffee zuzubereiten und zu servieren, ihnen bei der Bedienung des Beamers behilflich zu sein und sie vor Dritten zu unterstützen. Es macht das Führen einfacher, da man als Führungskraft anerkannt wird.

Statussymbole

Vorstände, Direktorinnen, Geschäftsführer, CEOs, Inhaberinnen – sie alle zeigen, welche Funktion sie innehaben. Wer ganz oben angekommen ist, kümmert sich zuerst einmal darum, das auch allen mitzuteilen – und wenn geht, subtil. Die Wahl fällt da meist auf die Statussymbole, die man ohne viele Erläuterungen und so ganz nebenbei ständig präsentiert. Teure Füllfedern ersetzen gebrandete Kugelschreiber, das Mobiltelefon ist stets das begehrteste am Markt, das Notebook ist klein, schnell, stark und gefährlich und der Anzug ist an den Leib geschneidert. Das Hemd trägt die eigenen Initialen, gut sichtbar gestickt und die Uhr signalisiert Geschmackssicherheit und Weltmännischkeit. Die Schuhe kosten sichtbar ein Vermögen. Das Auto macht auf dezent, ist aber maximal protzig, der Parkplatz so nah wie möglich und beschriftet. Das Büro ist in der letzten Etage, geschützt durch ein BackOffice, und signalisiert ebenso, dass es da jemand geschafft hat. Moderne oder alte Kunst hängt an den Wänden, der Schreibtisch ist so groß wie das Vertriebsbüro einen Stock tiefer und die Bildschirme stehen stets perfekt abgestaubt in Reih und Glied. Dicke Türen, dicke Teppiche, alles sehr komfortabel eingerichtet … Statussymbole, wohin man auch schaut.

Die Frage ist nur: Soll hier ein Imagetransfer von den Symbolen auf die Führungskraft geschehen oder umgekehrt?

Mad Dog

Van Hoenjens kommt einige Minuten zu spät zum Meeting und setzt sich grußlos. Man sieht ihm und seiner Kleidung deutlich die letzte, sehr lange Nacht in irgendeinem Club an. Seine Chefin Frau Wieser ist längst da. Sie blickt kurz auf die Uhr, registriert sein Zuspätkommen – Kritik oder Schelte bleiben aus, den gesamten Tag über. Das Meeting wird einfach fortgesetzt. Anderntags läuft es komplett anders: Wegen einer Kleinigkeit bekommt sie einen Tobsuchtsanfall und schreit Van Hoenjens zusammen, dass das gesamte Unternehmen es mitbekommt.

Die Theorie zur Machiavellistischen Intelligenz besagt, dass Affen und Menschen kognitive Fähigkeiten entwickelt hätten, das Verhalten ihrer Zeitgenossen vorherzusagen und damit diese auch manipulieren und betrügen zu können. Mit dieser Thematik beschäftigte sich bereits 1976 der Primatenforscher Nicholas Humphrey sowie die Evolutions- und Entwicklungspsychologen Andrew Whiten und Richard W. Byrne im Jahr 1988. Wir nennen diese Fähigkeit Gedankenlesen: »Ich denke, dass du denkst, dass ich denke du denkst ... usw. usf.«

Wenn diese Theorie stimmt, muss sich in einer Gesellschaft, in der jeder jeden in dessen Verhalten vorhersagen und damit auch manipulieren kann, eine Gegenstrategie durchsetzen. Eine Strategie, welche die Vorhersagbarkeit des eigenen Verhaltens schwieriger macht oder gar unterbindet, um nicht ständig betrogen oder manipuliert werden zu können. Das Verbergen eigener Absichten, taktische Täuschungsmanöver und soziale Unvorhersagbarkeit gehören zu diesem Repertoire. Eine brutale, aber wirksame Strategie von Führungskräften und Alpha-Männchen wie -Weibchen dazu ist die Mad Dog Strategy.

Ein dominantes Alpha reagiert auf Provokationen nur dann, wenn ein gewisses, fixes Maß an Frechheiten ihm gegenüber überschritten wird. Dann bellt, droht, beißt oder schimpft es. Das Alpha ist ständig damit beschäftigt, die Grenzen zu kontrollieren. Die untergeordneten Männchen lernen hingegen sehr schnell den Schwellenwert kennen, ab dem es für sie unangenehm wird. Aber in der Regel dienen den Untergeordneten diese scharf gezogenen Grenzen nur dazu, an diesen ständig ein wenig herumzumanipulieren, diese durch minimale Grenzüberschreitungen, die nicht geahndet werden, zu eigenen Gunsten zu verschieben. Das kennt jede Führungskraft mehr als genug. Oft werden kleine Grenzüberschreitungen nur deswegen akzeptiert und nicht sofort bestraft, weil die Führungskraft es leid ist, ständig schimpfen und sich ärgern zu müssen. Und diese Schwäche wird beinhart ausgenützt. Da brauchen wir nur einmal mit entnervten Eltern reden, auch die kennen das Phänomen mehr, als ihnen recht ist.

Die beste Gegenstrategie aus Sicht der Führungskraft ist es daher, bezüglich der Bestrafungen nicht mehr vorhersagbar zu sein. Das bedeutet, dass ein Alpha schon wegen absoluter Lächerlichkeiten sehr heftig und aggressiv reagiert, ein anderes Mal aber deutliche Grenzüberschreitungen unbestraft zulässt. Diese Strategie wird von Evolutionsbiologen »Mad Dog Strategy« genannt: Man weiß nie, wann der Hund beißen wird – und muss daher selbst eine Strategie fahren, die einen Biss unwahrscheinlich macht. Die Niederrangigen müssen sich also sehr zurücknehmen, um nicht eventuell wegen einer Kleinigkeit heftig eine abzuräumen. Für das Alpha ist diese Strategie sehr angenehm, muss es doch nicht ständig das Überschreiten selbst niedrig angelegter Schwellwerte bestrafen. Es spart damit erheblich an Aufwand ein, muss nicht mehr ständig die Grenzen überwachen und kann sich eventuell wieder wichtigeren Tätigkeiten im Unternehmen widmen. Und die Führungskraft darf sogar regelmäßig großzügig und nachsichtig sein – ist das nicht angenehm?

Gerade von Despoten und Diktatoren ist diese willkürlich, tyrannische Strategie bekannt. Schnell einmal jemanden wegen einer Unbedeutsamkeit öffentlichkeitswirksam hinrichten lassen und der Despot braucht für längere Zeit keine Angriffe auf seine Souveränität befürchten. Angst und Schrecken vor seinen willkürlichen Übergriffen schützen ihn, sie erledigen quasi die Arbeit. Übertreibt der Despot diese Strategie jedoch, verliert er mit der Zeit seine letzten Verbündeten. Daher sollte er diese Strategie nur selten und selektiv einsetzen.

Im Spätsommer 2015 war weltweit zu lesen, dass der nordkoreanische Diktator seinen Verteidigungsminister mittels einer Flugabwehrrakete hat hinrichten lassen. Er wäre bei einer Veranstaltung eingeschlafen und hätte auch schon einmal seine eigene Meinung geäußert. Noch Fragen?

Vorzimmerdrachen mit Wutfunktion

Damit eine Führungskraft nicht allzu bald komplett allein im Unternehmen steht, weil sie wesentliche Mitarbeiterinnen und Mitarbeiter weggebissen hat, kann sie dieses Verhalten delegieren. Jetzt tritt erstmals die Assistenz im Vorzimmer in Erscheinung. Nicht selten als Vorzimmerdrachen verschrien, übernimmt die Chefsekretärin oder der Assistent die Rolle des Hinbeißers. Damit ist der Direktor oder die Geschäftsführerin fein heraus und kann freundlich und milde jene empfangen, welche der Vorzimmerdrachen hat überleben lassen.

In Unternehmen, auf Universitäten, beim Bundesheer, bei der Polizei – stets sind jene Menschen, die auf der Karriereleiter schon recht weit oben, aber eben noch nicht ganz oben sind, besonders aggressiv und reagieren ausgesprochen gereizt auf das Verhalten anderer, meist Niederrangiger. Das Prinzip »Nach-oben-buckeln-und-nach-unten-treten« begründet sich mitunter auf der delegierten Mad-Dog-Strategy.

Möchte man als Backoffice-Mitarbeiter trotzdem ein geschätztes Mitglied der Belegschaft sein, so empfiehlt es sich, zum Abschied auf Versöhnung zu setzen. Wenn der Mitarbeiter wieder aus dem Chefzimmer herauskommt und jener die Tür hinter sich schließt, kann man den Schulterschluss suchen, einen versöhnlichen Ton anstimmen und entsprechende Worte finden.

NACH DER ARBEIT: DEBRIEFING AM STAMMTISCH

Nach einem intensiven Tag im Unternehmen, voller Wutausbrüche, Flirtavancen, E-Mail-Eskalationen und Eifersüchteleien, ist es an der Zeit, außerhalb dieses Gebäudes ein wenig »herunterzukommen«, das Erlebte zu besprechen und zu verarbeiten. Das kann mit den Kolleginnen und Kollegen geschehen, ist aber gefährlich. Denn es hat schon einen Grund, warum man diese nicht Freunde nennt. Meist fehlt das finale Vertrauen, um sich über jemanden anderen so richtig auszulassen, den Chef zu attackieren oder über die physiognomischen Vorzüge einer neuen Kollegin zu sprechen.

Freundschaft!

Mit wem sitzt man beim Wirten oder in der Prosecco-Bar (nur um alle Klischees zu bedienen) zusammen? Mit den Freunden oder Freundinnen natürlich. Aber wie kommt es dazu, dass man mit den einen befreundet ist, und mit den anderen nur per Kollege oder Kollegin? Wie oft kommt es vor, dass man am Arbeitsplatz echte Freunde findet? Und überhaupt, Freunde, was bedeutet das eigentlich?

James Fowler und Nicholas Christakis haben darauf eine Antwort. Sie zeigten mit einer bahnbrechenden Studie, dass Freunde einander genetisch ähnlicher sind als zufällig ausgewählte Menschen. Unabhängig von der Ethnie, dem kulturellen Einfluss und der geografischen Herkunft zeigen Freunde maßgebende Übereinstimmungen bei genetischen Markern. Es sind jene Genvariationen, die für das Riechen zuständig sind, die einander unter Freunden am ähnlichsten sind. Am wenigsten ähnlich sind jene Marker auf den Genen der Freunde, die sich für das Immunsystem verantwortlich zeigen.

Unsere Freunde entsprechen genetisch unseren Urururgroßeltern. Wenn Sie also Ihren Freund am Ohr tätscheln, tun Sie dies quasi Ihrem Urururenkel – oder Ihrem Cousin vierten Grades! Wir suchen also Freunde aus, die unserer Verwandtschaft ähnlich sind! Und wer kann sich seine Kolleginnen und Kollegen aussuchen? Die bekommt man hin- oder vorgesetzt und die Zusammenarbeit habe zu funktionieren. Kann das klappen? Jeder, der schon einmal Teams zusammengestellt oder geleitet hat, weiß, wie schwer es ist, aus unterschiedlichen Menschen mit ihren unterschiedlichen Eigenarten und Bedürfnissen ein Team zu formen, das an einem Strang zieht. Diese selbstlose Kooperation funktioniert unter Freunden einfach besser.

Die Studie liefert weitere spannende Hinweise: Es scheint so zu sein, dass jene Gene, die Befreundete teilen, sich rascher durchsetzen. Auf sie wirkt eine positive Selektion! Das unterstützt die These, dass Genetik nicht beim eigenen Körper aufhört.

Spannend auch, dass es beim Immunsystem möglichst unterschiedliche Genome braucht, um befreundet zu sein. Das ist ja praktisch! Einerseits ist dadurch der Freund nicht für die gleichen Krankheiten anfällig wie man selbst – und wenn man selbst krank ist, kann er einen pflegen und bei der Gesundung helfen.

Andererseits bedeutet ein unterschiedliches Immunsystem-Genom, dass sich Freunde nicht zwingend für den gleichen Typ Frau entflammen. Denn auch zwischen Mann und Frau sollte das Immunsystem nicht gleich, sondern unterschiedlich, kompatibel sein. So könnten sich Freunde vor gegenseitigem Betrug schützen; Eifersucht würde hintanstehen. Und das ist wichtig, ist Eifersucht doch einer der häufigsten Gründe für Gewalttaten zwischen uns Menschen.

Es geht um Tratsch

Es ist womöglich die derzeit smarteste Theorie zur Entstehung der Sprache, die Robin Dunbar in seinem Buch »Klatsch und Tratsch« ausformuliert: Unsere Sprache ist deswegen in ihrer hohen Komplexität entstanden, damit wir Menschen miteinander tratschen können. Klatsch und Tratsch sieht er als Motor unserer Sprachentwicklung und damit als Zündkerze unserer Intelligenz!

Aber vorweg, warum gibt es Sprache?

In komplexen Sozialsystemen brauchen die einzelnen Individuen viel Zeit und Aufwand, um einerseits sozial kompetent zu werden und andererseits seine etablierte Position im sozialen Netzwerk aufrechtzuhalten. Affen groomen dazu einander, sie betreiben gegenseitig zärtliche Fellpflege. Das ist bei Affen extrem zeitintensiv, meist mehrere Stunden am Tag, und lässt daher keine sehr großen Gruppen zu. Zu viele würden in einer großen Gruppe ungegroomt bleiben. Etwas anderes musste erfunden werden, um in immer größer werdenden sozialen Netzen bestehen zu können: die Sprache! Ein kurzes aber ehrliches »Entschuldigung« kostet wenig und dauert nicht so lange wie sehr zeitintensives Grooming,

wenn es darum geht, einen Netzwerkpartner wieder wohl-
gesonnen zu stimmen.

Aber warum sind Klatsch und Tratsch für uns Menschen
so wichtig? Das hat etwas mit der zunehmenden Gruppengröße im Leben unserer Vorfahren zu tun. Je größer die Gesellschaften wurden, die zusammenlebten, desto arbeitstei-
liger wurden diese Gesellschaften. Es bildeten sich »Berufe«
aus notwendigen Aufgaben heraus: Nahrungsmittelbeschaf-
fung, Medizin, innere Sicherheit, äußere Sicherheit, Nah-
rungszubereitung, Kinderbeaufsichtigung usw.

Durch die Arbeitsteilung und die Gruppengröße kann
nicht mehr jeder alles selbst miterleben, was für die Gruppe
von Bedeutung sein kann. Aber man kann es sich erzählen
lassen! Man kann sich über das Jagdglück des jungen Jägers
austauschen, kann sich fragen, wie lange es wohl noch so
heiß und trocken sein wird, ob die junge Frau von nebenan
dem jungen Mann von Gegenüber eventuell schöne Augen
macht ...

Wenn man als Einzelner nicht mehr alles selbst und das
live erleben kann, muss man es erzählt bekommen. Die Frage
»Wie war dein Tag, Schatz?« war sicher eine der ersten, die
in urzeitlichen Gesellschaften gestellt wurde ;-)

Wenn die Männer eine Ansiedlung verlassen, um ein,
zwei Tage auf die Jagd zu gehen, so wollen sie nach ihrer
Rückkehr wissen, was im Dorf vorgefallen ist. Und die Frau-
en wollen wissen, was sich alles auf der Jagd abgespielt hat.
Es geht um Tratsch.

Aber nicht nur der Austausch von Erfahrungen füttert
den Tratsch, sondern auch das Austauschen von Vermutungen! »Du, ich glaube, der Dings macht es nicht mehr lange
...« wäre so ein typischer Tratschbeginn. Oder: »Hast gesehen, die Dings hat sich ein neues Brandmal gesetzt ... glaubt
wohl, dass sie so dem Häuptling besser gefallen wird.« So
fängt Tratsch an und kann fast endlos fortgesetzt werden.
Nichts bleibt unkommentiert, vier Augen sehen mehr als

zwei und wenn sich noch wer dazusetzt, geht die Show erst so richtig los.

Warum? Das ständige Taxieren der Mitmenschen und der Tratsch darüber haben für den Einzelnen jenen Vorteil, dass er nicht jede Erfahrung selbst machen muss. Wenn A sieht, dass B den C grundlos angeschnauzt hat, und A das E mitteilt, wird sich E überlegen, ob er B heute nicht eventuell meiden möchte.

Wir Menschen brauchen ständig Informationen über unsere soziale Umgebung. Nur dann sind wir in der Lage, Gedankenexperimente zu machen, Handlungen im vorgestellten Raum zu vollziehen, Alternativen abzuwägen und letztendlich dazu eine Entscheidung zu treffen. Je mehr wir über unsere Mitmenschen wissen, desto leichter fällt es uns, sich mit diesen zu arrangieren.

Und wo geschieht dies im Unternehmen? In der Regel in Arbeitspausen, zwischen Tür und Angel, im Foyer, im Stiegenhaus, in der Kaffeeküche ... dort entstehen jene Gerüchte, Halbwahrheiten und Unwahrheiten, die ein Unternehmen straucheln lassen können. Und dennoch werden gerade in großen Unternehmen diese semiprivaten Rückzugsbereiche gefördert. Es scheint, dass Mitarbeiter, die keine Gelegenheit zum Austausch von Tratsch finden, noch gefährlicher sind, als jene aus der Gerüchteküche ...

In Verkaufstrainings wird seit jeher gelehrt, möglichst viel über einen potenziellen Kunden im Rahmen des Verkaufsgesprächs herauszufinden. Ist man beim potenziellen Kunden zum Gespräch eingeladen, werden Verkäufer dahingehend geschult, durch oberflächlichen Tratsch aus den Büroaccessoires Ideen zu dem Menschen abzuleiten: Hängt da wo eine Golf-Urkunde? Steht am Schreibtisch ein Modell eines Rennmotorrads? Sind Bilder einer Yacht zu sehen oder Fotos der Familie? Womit schreibt der Mensch, Montblanc oder Werbekugelschreiber? Was interessiert ihn, was treibt ihn an, und vor allem, welche Bedürfnisse hat er? Das versuchen Key-Accounter möglichst rasch herauszufinden, um sich auf den Menschen besser einstellen und ihm möglicherweise leichter etwas verkaufen zu können. Dahinter steckt unsere Gier nach Klatsch und Tratsch. Wie affig!

Information zu seinen Mitmenschen wird so zu einer ganz wesentlichen Ressource innerhalb einer Großgruppe. Nur wer möglichst viel über die Geschehnisse, Bündnisse, Streitigkeiten, Hass und Liebe in seiner nächsten und auch weiteren Umgebung weiß, kann sich entsprechend verhalten. Es scheint, dass es evolutionär von größter Bedeutung war, innerhalb eines sozialen Netzwerks zu bestehen. Und unser Gehirn scheint genau dafür geschaffen zu sein (neben vielen anderen Funktionen natürlich): Es gibt nämlich tatsächlich einen Zusammenhang zwischen der Neocortex-Größe und Gruppengröße bei Affen. Je größer die Gruppe ist, desto größer ist auch der Neocortex.

Der Neocortex ist ein Teil der Großhirnrinde und bildet rund 90 Prozent der Oberfläche des Großhirns ab. Er ist grosso modo der Teil des Gehirns, der sich für das analytische Denken verantwortlich zeichnet. Robin Dunbar erkannte 1993 den Zusammenhang zwischen Gruppen- und Neocortexgröße und konnte dadurch eine für den Menschen ideale Gruppengröße, entsprechend unserem Neocortex, errechnen, die Dunbar-Number. Demnach sollten wir mit rund 149 anderen Menschen ganz gut klarkommen können. Das bedeutet nichts anderes, als dass wir imstande sind, uns sämtliche Zusammenhänge, Verstrickungen, Beziehungsebenen, also einfach alles, zwischen 150 Menschen merken zu können. Wer über 2.000 Freunde auf Facebook hat, wird darüber nur schmunzeln können, aber wissen wir alles über jede einzelne Beziehung der über 2.000 Facebook-Freunde? Mitnichten.

Wir sitzen nach der Arbeit also beim Alkohol-Provider unserer Wahl, die Menschen rund um einen sind fast verwandt und wir tauschen einander aus. Worüber? Meistens über die Arbeit, die kollegiale Überschätzung derer selbst, die unfähigen Führungskräfte, die grausliche Arbeitsumgebung, die gespürte kollegiale Geringschätzung eines selbst, die nahe und die ferne Zukunft im Business ... wir lausen einander, in dem wir einander zuhören, Gehörtes mit selbst Erlebtem verknüpfen, Hilfe anbieten und in Summe zur gegenseitigen Sedierung beitragen. Wir entspannen dabei, sicher auch wegen des Alkohols, rufen »Ober, zahlen«, fahren nach Hause und freuen uns auf den nächsten Arbeitstag. Acht Stunden, enger Raum, viele Menschen, Gedränge auf der Karriereleiter – Dschungel Büro!

KÖRPERSPRACHE – DU BRAUCHST NICHTS MEHR ZU SAGEN

In einem Buch, das die evolutionären Wurzeln unseres alltäglichen Verhaltens am Arbeitsplatz offenlegt, darf natürlich die Körpersprache nicht fehlen. Während sich die gesprochene Sprache in rund 6.000 bis 8.000 unterschiedliche Sprachen hin verändert und aufgespalten hat, ist die Körpersprache seit jeher gleich geblieben. Rein nonverbal, also nur körpersprachlich, könnten wir uns mit jedem Australopithecus oder Homo erectus blendend unterhalten.

Jeder Mensch hat seine charakteristische Art und Weise, sich zu bewegen. Einige bewegen sich ausladender, ausdrucksstark und weit ausholend, machen sehr große Schritte und verbrauchen beim Sitzen mehr Platz als nötig – und wenn sie sprechen, gestikulieren ihre Hände auffallend stark. Diese Menschen werden in *Ratings* (Beurteilungen durch andere Personen) als extravertiert und selbstsicher bezeichnet, im Unterschied zu Menschen mit ausdrucksarmen Bewegungen, die anhand ihrer kleinen Gestik und starren Körperhaltung eher als introvertiert, schüchtern oder unsicher erscheinen.

Um Körpersprache verstehen zu wollen, ist es empfehlenswert, sich einige Grundlagen vor Augen führen:

- *Körpersprache kann reguliert, aber nur schwer unterdrückt werden:* Es scheint unmöglich, auf der nonverbalen Ebene keinen Eindruck zu hinterlassen. Ob wir wollen oder nicht, die anderen werden sich immer ein Bild von uns machen! Wie sollen wir nun darauf reagieren? Passivität als mögliche Antwort darauf wirkt introvertiert und verkrampft, wollen wir das?

Das Einzige, was uns bleibt, ist der Versuch, den Eindruck, den wir versenden, ein wenig zu kontrollieren.

- *Körpersprache und Emotionen gehen Hand in Hand:* Die Emotionen spielen in der nonverbalen Kommunikation eine entscheidende Rolle. Zwischen ihnen und der Körpersprache besteht eine neurale Verbindung, also eine Verbindung über Nervenbahnen. In der IT-Sprache würde man von »hardwired« sprechen.

  Eine solch feste Verbindung ist zwischen einigen Grund-Emotionen und den dazugehörenden Gesichtsausdrücken kulturübergreifend belegt worden: Empfinden wir eine gewisse Emotion, Wut zum Beispiel, so spiegelt diese sich automatisch in unserem Gesicht wider!

  Auch die Wahrnehmung solcher Grundemotionen läuft direkt und ohne höhere kognitive Kontrolle (unbewusst) ab. Die wahrgenommene Emotion kann sofort nachgefühlt werden – dieser grundlegende Prozess ist eine Voraussetzung wahrer Empathie: Wenn wir jemanden trauern sehen, können wir automatisch, aber bewusst diese Emotion nachempfinden, wir wissen also, wie es der Person geht, ohne dass sie es uns sagen musste! Auch das herzhafte Lachen von Kindern kann uns in eben diese fröhliche Laune versetzen, wir lächeln.

- Wir verfügen über sieben Grundemotionen: *Freude, Angst, Wut, Ekel, Überraschung, Trauer, Geringschätzung.*

  Diese Emotionen ermöglichen uns, miteinander blitzschnell zu kommunizieren, ohne die Inhalte verbal erklären zu müssen. Mit dieser raffinierten Methode (ein Produkt der Evolution) wissen wir über unsere soziale Umwelt Bescheid – und sie über uns. So können wir das Verhalten unserer Mitmenschen ein wenig genauer vorhersagen und uns ein paar strategische Vorteile im Umgang mit den Mitmenschen erarbeiten.

- *Die Signale der Körpersprache sind für deren Beobachter viel leichter zugänglich als für die signalisierende Person selbst:* Viele Menschen glauben zu wissen, wie sie auf andere wirken, doch die wenigsten haben damit recht. In der Regel irren sie. In Wahrheit sieht uns unsere soziale Umwelt anders, als wir denken. Erst die Reaktion der anderen auf unser Verhalten gibt uns Aufschluss, wie wir wirken, doch dann ist es bereits zu spät: Die anderen haben sich schon einen ersten Eindruck gemacht und uns kategorisiert. Erst deren Reaktion auf unsere Wirkung gibt uns Hinweise, wie sie uns sehen und was sie von uns halten. Jetzt gilt es, diesen ersten Eindruck zu verstärken oder zu korrigieren. Ob das dann funktioniert, bekommt man auch sofort zurückgespiegelt. Wir befinden uns mit unseren Mitmenschen in einer ständigen Feedback-Wolke.

- *Die Botschaften der Körpersprache entstehen blitzschnell:* Die Signale, die wir mit Körpersprache versenden, werden unmittelbar registriert und unbewusst verarbeitet. Dieses hohe Tempo, eine evolutionäre Notwendigkeit, steht daher auch für die Echtheit dieses Signals.

Ein Beispiel: Wenn wir erschrecken, zucken wir zusammen, ziehen den Kopf zum Schlüsselbein, heben die Schultern, legen die Ellbogen an und drehen die Handflächen nach innen/oben. Wir öffnen die Augen weit und ziehen die Augenbrauen zur Mitte und gleichzeitig nach oben. – Das alles geht extrem schnell und wer jemanden beim Erschrecken sieht, weiß genauso schnell, dass dieser jetzt erschrocken ist.

Die Schnelligkeit, mit der ein Verhalten auftritt, unterstreicht die Echtheit der Bedeutung.

Wie wir uns präsentieren wollen und wie wir wahrgenommen werden

Eine besondere Bedeutung besitzt nonverbale Kommunikation für den Zweck der Selbstpräsentation. Es geht um die Fragen: »Wie präsentiere ich mich – wie sehen mich die anderen – welchen Eindruck kann ich hinterlassen?«

Als Körpersprache-Trainer werde ich immer wieder gefragt: Ist Körpersprache eigentlich strategisch einsetzbar, kann ich damit täuschen, vertuschen oder wenigstens andere Vorteile dadurch generieren?

Menschen scheinen zu glauben, dass sie von anderen so wahrgenommen werden, wie sie sich selbst sehen, auch wenn sie keine speziellen Anstrengungen unternehmen, ihre Persönlichkeit darzustellen. Nur wenn es besonders wichtig erscheint, ein bestimmtes Bild von sich selbst beim Gegenüber zu erzeugen, wird bewusst versucht, das Verhalten zu regulieren. Da reicht schon eine Präsentation vor Kolleginnen und Kollegen, oder noch schlimmer: eine Rede vor den Eigentümern! Was vorher noch einfach und selbstverständlich war, wird nun zur Challenge: die Darstellung seiner selbst.

Bis zu einem gewissen Grad scheint dies erfolgreich zu sein, allerdings können nur solche Persönlichkeitsmerkmale glaubhaft übermittelt werden, die den eigenen ähnlich sind.

Ungeachtet dessen, ob nonverbale Signale nun ständig willentlich kontrolliert werden, um das Gegenüber zu täuschen, oder ob es nur gelegentlich bewusst zur Korrektur kleiner Nuancen eingesetzt wird, besteht die Tatsache, dass wir uns im alltäglichen Leben anhand von nonverbalen Aktionen Meinungen über andere Menschen bilden, oft ohne sie näher zu kennen.

»Für den ersten Eindruck gibt es keine zweite Chance«, heißt es, aber wie entsteht so ein erster Eindruck?

Stellen wir uns vor, wie sich eine BackOffice-Mitarbeiterin mit einem Tableau voller Kaffeetassen durch die Türe in den Konferenzraum kämpft. Ihr fehlen zusätzliche Hände, um die Türe zu öffnen, offenzuhalten und ohne auszuschütten durchgehen zu können. Die anwesenden Herren nehmen das zwar wahr, aber keiner reagiert. Bis auf einen, der sogleich aufspringt und der Mitarbeiterin hilft, die Kaffeetassen unbeschadet und gefüllt zum Konferenztisch zu bringen. Dieser Mitarbeiter hat sofort alle Sympathien.

Oder denken wir an einen Firmenparkplatz. Die Schrägparkplätze sind extrem eng eingezeichnet, damit viele Autos Platz finden. Ein Mitarbeiter jedoch ignoriert die Linien am Boden und parkt sein sehr breites SUV so ein, dass neben ihm kein weiteres Auto mehr abgestellt werden kann. »Was für ein Arsch«, denken sich die meisten Mitarbeiter, die das mitbekommen.

Durch die visuelle Aufnahme eines bewegten Bildes entsteht in uns in Sekundenbruchteilen (1/4 Sek.) ein erster Eindruck über den anderen Menschen, ohne rationale Erwägungen und bewusste logische Schlussfolgerungen. H. von Helmholtz prägte den Begriff des »unbewussten Schlusses« im Jahr 1925. Wir sehen zum Beispiel, wie ein Fremder einer bedürftigen Fremden beim Aussteigen aus dem Linienbus hilft, und dann in eine andere Richtung seines Weges geht. »Das war doch wirklich nett«, könnten wir uns dabei denken.

Es ist die Dynamik von Bildern, die uns mehr Information vermittelt als Unbewegtes und so die Beurteilung anderer unterstützt. Deshalb ist Körpersprache die Sprache der Bewegung und ihrer dynamischen Eigenschaften.

Biologen konnten zeigen, dass wir Menschen als Babys sehr früh fähig sind, Bewegungen wahrzunehmen. Babys lernen dies früher als die Wahrnehmung ruhender Gegenstände. Embryonen können auch schon früher Bewegungen erkennen, als Farben oder Formen unterscheiden.

Auch lenkt unser Gehirn alle Aufmerksamkeit auf diejenigen Bewegungen, die nur noch in den Augenwinkeln wahrgenommen werden. Unsere Augen richten sich sofort darauf und fokussieren das bewegte Objekt. Die potenzielle Gefahr, die von jedem bewegten Objekt ausgeht, macht die Unterscheidung bezüglich Bewegung vorrangiger als Form- oder Farbunterscheidungen.

Dazu ein Beispiel aus der Steinzeit: Stellen Sie sich vor, Sie (als Neandertaler o. Ä.) sitzen in der Natur an einem Lagerfeuer, es ist spät in der Nacht und Sie starren in die Glut. Es ist still, nur das Feuer knistert ein wenig. Plötzlich hören Sie ein deutliches Knacksen im nahen Unterholz! Was tun Sie?

In 99,99 Prozent der Fälle werden Sie genau in die Richtung hinsehen, von der Sie das verdächtige Geräusch vernommen haben, ohne darüber willentlich nachgedacht zu haben.

Woher kommt dieser Reflex?

Nun, wir Menschen haben nun mal ein Vorurteil, das besagt, dass Geräusche fast nie von allein entstehen, sondern durch Bewegung erzeugt werden! Jetzt bewegt sich da etwas, aber wir wissen noch nicht was ... und das kann eine Gefahr darstellen. Lieber nachsehen, als das Nachsehen haben! (Wir sind wieder bei der evolutionären Kosten-Nutzen-Rechnung.)

Ein Beispiel aus der Neuzeit. Sie gehen auf einer großen Geschäftsstraße spazieren, genießen die Flut der Eindrücke und Sinneswahrnehmungen, da hören Sie von hinten jemanden schnell heranlaufen! Ihr Gehirn schließt blitzschnell: Das Geräusch des Laufens wird immer lauter, die Person kommt Ihnen von hinten rasch näher ... Was tun?

Schaffen Sie es, sich nicht umzudrehen und möglicherweise präventiv einen Schritt zur Seite zu machen? Wahrscheinlich nicht. Es wäre zu riskant, das wissen Ihre Gehirnzentren und lassen Sie entsprechend reagieren: Sie drehen sich also um und versuchen zu erkennen, weshalb diese Person so läuft, ob sie an Ihnen vorbeilaufen wird oder ob sie gar einen Taschendiebstahl begangen hat oder begehen wird.

Wir sehen: Unser Körper und unser Verhalten unterliegen Mechanismen, die sich über Hunderttausende von Jahren entwickelt haben. Diese Mechanismen dienen direkt dem Überleben und sind von Generation zu Generation vererbt worden.

Diese Mechanismen sind jedoch keine unveränderlichen Verhaltensabläufe, sondern stecken eher einen Rahmen ab, innerhalb dessen wir uns frei bewegen können. Wir bleiben für unser Verhalten verantwortlich!

Die zwei Grundmuster unserer Körpersprache

Wenn wir Körpersprache beobachten und beschreiben wollen, brauchen wir zur Vereinfachung Kategorien, in welche wir die beobachteten Muster einordnen können. Dem Evolutionsbiologen und Verhaltensforscher bieten sich derer zwei an:

Ein Verhaltensmuster kann *dominant* sein – oder *submissiv*.

Um zu erklären, woher diese beiden Begriffe kommen, muss ich ein wenig weiter ausholen und über Überlebensstrategien sprechen:

Wenn ein Lebewesen mit einem Problem konfrontiert wird, so hat es zwei Möglichkeiten, mit diesem Problem umzugehen: Es kann versuchen, das Problem aktiv zu beseitigen – sich dem Problem stellen; oder es versucht, dem Problem zu entkommen.

Die erste Variante entspricht einem dominanten Verhaltensmuster, die zweite einem submissiven. In der Wortbedeutung meint dominant, dass wir etwas bekämpfen oder bezwingen, submissiv, dass wir uns unterwerfen oder einordnen.

Ein Problem stellt immer ein Hindernis auf dem Weg eines zielorientierten Verhaltens dar. Dominantes Verhalten versucht, dieses Problem durch Kraft, Überzeugung oder Drohen zu entfernen.

Wenn Hirsch A beispielsweise auf eine paarungsbereite Hirschkuh trifft, kann es passieren, dass Hirsch B dieselbe Kuh decken möchte, und er sich daher Hirsch A in den Weg stellt. Ein Problem für Hirsch A.

Was soll Hirsch A nun tun?

Er kann Hirschenherrn B mit seinem mächtigen Geweih drohen, er kann ihn attackieren und sich mit ihm kräftemäßig messen. Das wäre dominantes Verhalten. Er kann sich aber auch von Anfang an unterlegen zeigen und dem Zweikampf ausweichen, vielleicht kann er ja Hirsch B im richtigen Moment überlisten. Das wäre submissives Verhalten.

Oder: Stellen Sie sich vor, ein Polizist fischt Sie aus dem Autoverkehr heraus und beginnt, an der Fahrtauglichkeit Ihres alten, rostigen Wagens zu zweifeln. Wie könnten Sie reagieren?

Einerseits können Sie sehr resolut und laut auf die Willkür dieses Aktes verweisen, – unfreundlich erklären, dass Sie gute Beziehungen hätten und sich überhaupt von so einem schlecht gebildeten Beamten nicht maßregeln lassen wollen. Das wäre sehr dominantes Verhalten, ob es sinnvoll ist, so zu reagieren, sei dahingestellt, aber Sie stellen sich dem Problem entgegen.

Andererseits können Sie dem Polizisten recht geben, sich entschuldigen und freundlich erkennen lassen, dass Sie seine Autorität anerkennen und für gut heißen. In diesem Fall wäre Ihre Chance nicht schlecht, mit einer Ermahnung davonzukommen, trotz submissiven Verhaltens.

Verhaltenswissenschaftler sprechen von einer *Fight-Reaktion* (Dominanz) und einer *Flight-Reaktion* (Submission). Wenn uns etwas stresst, wir einem Stressor begegnen, so müssen wir reagieren: entweder mit Fight oder mit Flight. Egal, womit wir auf den Stressor reagieren, es kommen uralte Verhaltensmechanismen zu tragen: Es sind fixe Verschaltungen zwischen Gehirn, Nervenbahnen, Sehnen und Muskeln, die uns auf eine noch zu erklärende Art und Weise reagieren lassen.

Diese Mechanismen sind eine Reaktion eines Teils unseres Nervensystems, das wir das »sympathische Nervensystem« nennen. Das andere Nervensystem heißt »parasympathisches Nervensystem«. Das sympathische Nervensystem sorgt bereits bei den Fischen für schnelleren Herzschlag, erhöhten Blutzucker und mehr Adrenalin. Es bereitet den Fisch auf Kampf oder Flucht vor. Da sich dieses System bewährt hat, blieb es im Lauf der Evolution erhalten und findet sich auch bei uns Menschen wieder. Diese Verschaltungen sind unter den Wirbeltieren, zu denen auch der Mensch gehört, mehr oder weniger dieselben: Ein balzender Salamander, eine flüchtende Eidechse, ein geschlagener Hund, ein imponierender Buntbarsch, ein schlechtgelaunter Kater aus Innermanzing, mein Verleger – alle reagieren sie über die gleichen Gehirn-Nerven-Muskel-Verschaltungen auf einen speziellen Reiz, und zwar auf die gleiche Art und Weise!

Kurz vor einer Fight-or-Flight-Reaktion hat uns ein Reiz erreicht, der uns für einen kurzen Moment »einfrieren« lässt: Während sich das Nervensystem auf eine Reaktion vorbereitet, spannen sich die wichtigsten Muskeln des Körpers an – wir erstarren. Stellen Sie sich vor, Sie liegen in Kenia oder

Tansania nächtens in einem Zelt, und auf einmal hören Sie aus nächster Nähe einen Löwen brüllen ... Oder Sie vernehmen von Ihrem Boss auf einmal den missmutigen Ruf nach Ihrer Person ... freeze!

Interessanterweise ist unsere Reizschwelle für die Ausschüttung des »Angsthormons« Adrenalin niedriger als die für das »Wuthormon« Noradrenalin. Mit anderen Worten: Wir sind so disponiert, dass wir vor einer Bedrohung zuerst ein wenig Angst haben, diese auch signalisieren und unter Umständen flüchten. Erst dann, wenn die »Bedrohung« anhält, reagieren wir mit Wut und der Körper versorgt uns mit Noradrenalin, das uns für einen Kampf vorbereitet!

Ganz basal und vereinfachend lässt sich sagen, dass dominantes Verhalten (Dominanz-Display) ein Vergrößern des Körpers bedeutet, ein sich »fest Verankern« am Boden und einen Hormonschub, der auf einen Kampf vorbereitet.

Submissions-Display hingegen zeigt verkleinernde Tendenzen. Der Körper wird kleiner dargestellt, als er ist, man wendet sich vom Stressor ab und zeigt Signale bzw. eine Bereitschaft zur Flucht.

Beide Kategorien sind jedoch nicht willkürlich gewählte, sondern ein Abbild unserer evolutionären Strategien im Umgang mit der sozialen Umwelt.

Es gibt eindeutige körperliche Signale von Submission und Dominanz. Zur klaren Strukturierung dieser mannigfaltigen Signale teilen wir den Körper einfach in unterschiedliche Bereiche ein, und besprechen an diesen ihre Signalwirkung.

Der Kopf – nicht nur fürs Denken wichtig

Der Kopf ist in der Regel dort, wo der Fisch zu stinken beginnt (alte Gewerkschafter-Weisheit). Bei uns Menschen wird er vom Hals getragen, meist oberhalb der Schultern (alte Biologenweisheit).

Für die nonverbale Kommunikation ist er insofern interessant, da seine Haltung und seine Bewegungen einiges an Botschaften vermitteln können.

Kopf in Nacken

Das Zurückwerfen des Kopfes in den Nacken, das auch ein Heben des Kinns bedingt, ist eines der stärksten Dominanz-Displays. Von den Kleinkindern im Kindergarten bis zu greisen Politikern in Brüssel ist diese Geste des »Dominieren-Wollens« weltweit über alle Kulturen verbreitet. Das Heben des Gesichts, des Blickes, kommt vom »Sich-größer-Machen« und versucht, sich über die anderen zu stellen, andere zu dominieren.

Durchgeführt wird diese Bewegung von den tiefliegenden Muskelpaketen M. erector spinae, die bedeutend weniger unserer bewussten Steuerung unterliegen als zum Beispiel die Arm- oder Handbewegungen. Daher sind die Gesten extrem ehrlich und unverfälscht. Wir bemerken gar nicht, dass wir diese Bewegungen mit dem Kopf machen.

Der Evolutionsbiologe Irenäus Eibl-Eibesfeldt spricht 1970 von einem Signal der Überheblichkeit, Arroganz und Geringschätzung, das weltweit die gleiche Bedeutung hat (eine Universalie). Desmond John Morris, ein britischer Verhaltensforscher und Zoologe, konnte zeigen, dass spielende Kleinkinder im Konflikt das Kinn soweit wie möglich vorstrecken, um dem anderen zu drohen. Dieses Signal wird als

Universalie kulturübergreifend eingesetzt, bekannt ist es den meisten Geschichtsinteressierten von Mussolini-Fotos.

Schiefer Kopf

Der zu einer Schulter geneigte Kopf ist so ziemlich das submissivste Signal überhaupt. Als Universalie gilt es in allen Kulturen unseres Planeten und wird überall gleich verstanden. Wie?

Das Signal steht, je nach Kontext, für *freundlich, schüchtern, untergeben*; und weiters können wir es sehr gut dann beobachten, wenn wir auf etwas Herziges treffen: Ein Katzenbaby, ein Menschenbaby oder mitleiderregende Reize verursachen bei uns eine Kopf-Schief-Lage: »... *Na ist das nicht süß?*«

Die Muskeln (M. trapezius, M. sternocleidomastoideus), welche die Kopfneigung kontrollieren, sind mit emotional sehr sensitiven Nerven verschalten, s dass gewisse Emotionen sich in der Kopfhaltung widerspiegeln und diese so der Umwelt mitteilen.

Als Fragment des Achselzuckens ist der »Schiefe Kopf« auch eine Bewegung mit Ursprüngen im Selbstschutz.

Beim Flirt kommt der häufig gezeigte schiefe Kopf wieder als Signal der Arglosigkeit, Harmlosigkeit zu tragen: »*Du kannst mir vertrauen, ich habe nichts Böses vor ...*«

Der Kopf ist zumeist mit (wenigstens) einigen Haaren bedeckt – was können Haare nonverbal vermitteln, was erfahren wir durch sie?

Das Haar

Für so manchen mag es verwunderlich erscheinen, wie viel Wert wir auf unsere Haare legen, wie viel Zeit wir damit verbringen, es in bestimmte Formen zu bringen und die Frisuren der Mitmenschen zu kommentieren. Für den Verhaltensforscher ist dieses Verhalten nicht weiter absonderlich! Wieso?

Haare sind ein Bestimmungsmerkmal für Säugetiere, wer keine hat, ist kein Säugetier (vielleicht daher die Angst vor der Glatze ...?). Und die meisten Säugetiere verbringen viel Zeit mit der Pflege ihrer Behaarung, denn sie ist ein Zeichen von Status und Gesundheit.

Denken wir nur an die Schimpansen, die Stunden damit verbringen können, sich gegenseitig das Fell zu pflegen – und der »Schimpansen-Chef« hat daher das bestgepflegte Haar! (Gott sei Dank haben wir Menschen diesen Ritus der Sozialpflege im Lauf der Evolution abgelegt!)

Natürlich dient die Behaarung auch dem Schutz des Kopfes und Gehirns, speziell vor Hitze, bei uns Verhaltensbiologen steht aber die soziale Bedeutung im Vordergrund (zumindest bei mir!).

Was sagt das Haar über dessen Pfleger aus?

In vielen (nicht allen) Kulturen werden unterschiedliche Haarlängen auf folgende Art interpretiert: Langes Haar, sehr pflegeintensiv, wird mit einer gewissen »Offenheit gegenüber neuen Erfahrungen«, Leidenschaft und geringer Zurückhaltung assoziiert. Kurz geschnittenes Haar symbolisiert für die meisten Kulturen hingegen Disziplin, eine gewisse Bereitschaft zu Unterwürfigkeit und Konformismus. Ganz ehrlich, wie viele langhaarige Entscheidungsträger kennen Sie? Ordnen Sie langes Haar eher Toshiba oder Apple zu?

Ähnlich unserem Gesicht vermittelt unsere Haarpracht, wer wir sind und wo wir dazugehören. Frisuren dienen der Geschlechterunterscheidung, der Stammeszugehörigkeit oder dem Vogeben eines sozialen Status. Warum verbinden wir einen Opernbesuch mit einer Visite beim Friseur und weshalb sind die besten Friseure der Stadt meist auch Personen der Öffentlichkeit?

Und selbst wenn die Damen und Herren ihre Haare verbergen, tritt ein Hut an deren Stelle, mit denselben Möglichkeiten der nonverbalen Kommunikation: Gerade die Base-
ballkappen dienen der Identifikation untereinander und zeigen Gruppenzugehörigkeit und Status an; Frauen signalisieren ihren Wohlstand mit ausgefallenen Hutkreationen aus
teuren Modesalons.

Gibt es noch weitere Assoziationen zu Frisuren? Wie beeinflussen sie den so berühmten ersten Eindruck? Eine von
Procter & Gamble beauftragte Studie der Psychologin Ma-
rianne LaFrance (Yale) in den USA hat gezeigt, dass, je nach
Geschlecht, folgende Assoziationen getätigt werden:

Frauen:
- Kurzhaarfrisur, »zerzaust«:
  - Selbstbewusstsein
  - extravertierte Persönlichkeit
  - wenig sexy
- Mittellanges, natürliches Haar:
  - Intelligenz
  - starker Charakter
- langes, glattes, blondes Haar:
  - sexy
  - wohlhabend

Männer:
- Kurzes, vorn aufgestelltes Haar
  - sexy
  - zeigt Zuversicht
  - Egozentrik
- ein mittellanger Scheitel:
  - Intelligenz
  - Wohlstand
  - kleinlich

- langes Haar:
  - Hülle statt Inhalt
  - Sorglosigkeit
  - starker Charakter

Sie sehen, es gibt keinerlei Grund, sich nicht um seine Haare zu kümmern, dafür kommunizieren Sie einfach zu viel! So gab es einmal beim österreichischen öffentlich-rechtlichen Rundfunk eine Anweisung an die Moderatorinnen, dass sie bitte lange Haare nicht mehr offen tragen dürften. Das wäre unschicklich, meinte die damalige Generaldirektorin. Während in den 1960er-Jahren lange Haare bei den Männern den Revoluzzern vorbehalten waren und in den 1990ern von Computerspezialisten getragen wurden, so sind die langen Haare bei Männern längst in der Breite der Gesellschaft angekommen und lassen über den Träger kaum mehr eine Aussage zu. Gerade noch der Grad der Haarpflege kann dem Betrachter als Grundlage einer Vorverurteilung dienen, viel mehr schon nicht mehr. Schön. Und selbst beim Bundesheer müssen die Haare nicht mehr kurz wie eine Bürste getragen werden. So ändern sich die Zeiten.

Das Gesicht – Bildschirm unserer Emotionen

Das Gesicht stellt den Bildschirm unserer Emotionen dar, nirgendwo sind diese deutlicher abzulesen! Gesteuert wird es von einem speziellen Nerv, dem Gesichtsnerv (Nervus facialis), welcher mit unserem limbischen System der Hormone in gutem Kontakt steht. Dieser Konnex existiert seit dem »Urgehirn der Säugetiere« und zeichnet sich für die Differenzierung unserer Mimik verantwortlich.

Sehen wir uns das Gesicht genauer an: Wenn wir die Gesichtsmuskeln so gut es geht entspannen, nimmt das Gesicht seine Neutralform ein: die Augen offen, der Mund geschlossen. Aber das bedeutet nicht automatisch, dass diese Mimiklosigkeit keine Signalwirkung hat – ganz im Gegenteil! Es bedeutet: Sprich mich nicht an, lass mich in Ruhe, stör mich nicht! Zu beobachten ist es in Aufzügen, beim Fernsehen oder bei der Arbeit am Computer (sollte dieser tadellos funktionieren). Man braucht nur durch das Büro zu gehen und erkennt sofort an den Gesichtern der Kolleginnen und Kollegen, wer denn für einen Tratsch bereit wäre.

Der Versuch, *nichts* zu signalisieren, ist wieder einmal zum Scheitern verurteilt.

Die Evolution hat uns mit einer sehr großen Zahl an Gesichtsmuskeln ausgestattet, die, je nach Emotion, unser Gesicht in die unterschiedlichsten Formen bringen können.

Vor ca. 200 Millionen Jahren begannen die Gesichter der Säugetiere beweglicher und expressiver zu werden. Die Kopfmuskulatur wurde feiner spezialisiert und konnte schön langsam Gesichtsteile wie Lippen oder Ohren bewegen. Nervenbahnen wuchsen vom limbischen System (für Hormone und ergo Emotionen verantwortlich) zu den Gesichtsmuskeln und ermöglichten es so, Emotionen im Gesicht widerzuspiegeln.

Heute sind wir Menschen imstande, Trauer, Freude, Überraschung (Schrecken), Ekel, Häme und Wut auf sehr differenzierte Weisen mittels Gesicht zu kommunizieren.

Ein schönes Beispiel für das hohe Alter gewisser mimischer Ausdrücke ist unser »Ekel-Gesicht«.

Das »Ekel-Gesicht«

Wenn wir etwas riechen, das fürchterlich stinkt, verschließen wir kurz unser Gesicht und die dazugehörigen Sinnesorgane Augen, Nase und Mund. Dieses Signal an die Umwelt »Pfui« ist ca. 400 Millionen Jahre alt. Es waren die kieferlosen Welse, welche seinerzeit den Gewässergrund nach Fressbarem durchgefiltert haben. Dazu hatten sie einfache Schlitze in der »Speiseröhre«, durch die das Wasser aus und eingepumpt wurde. Jeder Schlitz hatte einen Nerv und einen Muskel, und wenn etwas Unappetitliches ausgemacht wurde, veranlassten Nerv und Muskel das prompte Verschließen des betroffenen Schlitzes.

Dieses Verschließen auf einen giftig-gefährlichen Geruch ist dasselbe wie bei uns Menschen, – wir können also nur bedingt die Signale unseres Gesichts steuern!

Das Schöne am Ekel ist auch, dass wir für moralischen Ekel denselben Gesichtsausdruck verwenden wir für den gustatorischen! Wenn wir aktive oder passive Zeugen einer moralisch verwerflichen Tat werden, so ziehen wir ebenso die Oberlippe hoch, rümpfen die Nase und schütteln den Kopf. Und wir verwenden für moralischen Ekel Begriffe vom gustatorischen Ekel: grauslich, widerlich, abstoßend.

Und wir empfinden sehr schnell vor etwas Ekel: Sie brauchen nur auf einen Löffel zu spucken und dann der Aufforderung folgen, den leicht abgekühlten Speichel vom Löffel wieder aufzusaugen. Es ist immer noch der Speichel, den wir zuvor im Mund hatten, aber schon graust uns davor.

Das Ekelempfinden ändert sich bei Frauen, die nicht hormonell verhüten (Pille) mit ihrer Periode. An den Tagen rund um den Eisprung, also an den fruchtbarsten Tagen, empfinden Frauen stärkeren Ekel. Das hat möglicherweise mit den Mechanismen der Partnerwahl zu tun. Denn rund um ihre fruchtbarsten Tage braucht die Frau einen starken Vorfilter gegenüber dem Angebot an der Männerfront. Sie wird sozusagen kritischer. Und da Geruch eine wesentliche Rolle bei der Partnerfindung spielt, ist hier der Ekel eine evolutionär schon sehr sinnvolle Empfindung.

Zurück zur Mimik allgemein: Es war nach Jahren der Forschung möglich, gewissen Emotionen ganz konkrete

Muskelbewegungen zuzuordnen, die über alle Kulturen der Welt hinweg ident sind (Universalien).

Sehen wir uns einmal das Lächeln an: Wir unterscheiden echtes von falschem Lächeln! Aber woran können wir das erkennen?

Das echte Lächeln

Bei freudiger Erregung kontrahiert der *Musculus zygomaticus*, zieht dadurch die Mundwinkel nach oben und verursacht in Zusammenarbeit mit den *Musculi orbicularis oculi* die bei den Damen so beliebten »Krähenfüße« um die Augen – kleine Hautfältchen, die durch die Kontraktion der genannten Muskeln entstehen.

Dieses echte Lächeln (auch zygomatisches Lächeln) wird direkt von den Emotionen gesteuert. Eine Beförderung, eine Gehaltserhöhung, eine Umorientierung – das echte Lächeln verrät den anderen im Büro, dass es einem gerade sehr gut geht. Und es ist nur schwer nachzumachen. Wird dies doch versucht, so entsteht zu meist:

Das unechte Lächeln

Durch den *Musculus risorius* werden die Mundwinkel mehr zur Seite denn nach oben gezogen, die Krähenfüße bleiben aus. (Geübte Schauspieler wissen dies und zeigen auch mit den Augen ihr Lächeln.) Ein unechtes Lächeln muss aber nicht bedeuten, dass der Lächler »betrügen« möchte und bloß etwas vorgaukelt. Gerade wenn es um Höflichkeit geht, wenn man einen freundlichen Eindruck vermitteln möchte, sieht man leicht gehobene, lächelnde Mundwinkel ohne die Kontraktion der Ringmuskulatur um das Auge. Der gut eingefahrene Begriff des »unechten Lächelns« ist da etwas irreführend.

Wird zum Beispiel der seit viel kürzerer Zeit im Unternehmen befindliche Mitarbeiter befördert, so werden wir unser freundliches, aber unechtes Lächeln beim Beglückwünschen aufsetzen. Wir freuen uns ja eh für ihn, oder?

Nach dem populären Anthropologen Desmond Morris stammt das Lächeln von dem Angstgesicht der Affen ab, die damit ihrer sozialen Umgebung Folgendes signalisieren: »Ich fürchte mich, tu mir nichts, denn ich bin harmlos und daher auch *freundlich*.« Es ist also ein typisches Zeichen von Submission.

Interessant ist das Feedback auf ein Lächeln: Wer ein echtes Lächeln wahrnimmt, empfindet ein angenehmes Gefühl – ein bisschen Glück, und lächelt meist selbst als Antwort darauf. Dadurch kann man seine Umgebung ein wenig manipulieren, denn es hat sich gezeigt, dass lächelnde Personen weniger strenge Kritiker sind und ihre Umgebung wohlwollender beurteilen!

Warum war es eine Zeitlang üblich, einen Vortrag mit einem Witz zu beginnen? Das ist der Wunsch nach wohlwollender Beurteilung und geringerer Kritikfähigkeit der Zuhörer! Denn wer diese zum Lächeln bringt, hat bereits einen kleinen Vorteil durch ihr milderes Urteil.

Möchte man die vielen Gesichtsausdrücke, mit denen wir unsere Emotionen darstellen, beim Namen nennen, so stoßen wir rasch an die Grenzen unseres Wortschatzes. Daher sind Gesten, in diesem Fall mimische, mächtiger und aufschlussreicher als das gesprochene Wort.

Wir können mithilfe unseres Gesichts ausgezeichnet unsere Emotionen, Launen und Meinungen signalisieren, manche, wie das Lachen, auch bewusst manipulieren, jedoch sind die meisten Gesichtsausdrücke spontan und unverfälscht! Die Freude über ein verkauftes Produkt, der Ärger über einen nicht druckenden Drucker, der Ekel bei der Geschichte des Mitarbeiters, die Trauer beim Erfahren des Ablebens eines Kollegen, die Überraschung, wenn man bei der Tombola auf der Weihnachtsfeier den Hauptpreis gewinnt ... all diese Emotionen sind spontan und echt. Man muss nur hinschauen.

Aber auch ohne unsere Gesichtsmuskeln betätigen zu müssen, können wir auf eine herrliche Art und Weise etwas signalisieren: Wir werden rot – und zeigen damit Submission.

Das Rotwerden

Prinzipiell erröten wir beim Sport, wenn wir wütend sind, Scheu empfinden, uns schämen oder verlegen sind.

Die beiden Wissenschaftler Brannigan und Humphries gehen 1969 so weit und postulieren, dass das Rotwerden nie bei rein aggressiven Akten zu sehen ist, sondern vielmehr im Rahmen von erlebten oder möglichen Niederlagen. Es ist meist die Antwort auf einen sozialen Reiz und Teil der Fight-or-Flight-Reaktion. Das sympathische Nervensystem reagiert auf diesen Reiz mit dem Öffnen der kleinen subkutanen Blutgefäße im Gesicht, Nacken und Oberkörper. Dadurch sind diese Hautpartien stärker durchblutet und scheinen rot.

Wenn jemand plötzlich aufgefordert wird, vor einer Gruppe aufzustehen und ein paar kluge Worte zu sagen, Stichwort Weihnachtsfeier, Abteilungsfeier oder Ähnliches, so ist er mit einer Fight-or-Flight-Situation konfrontiert und wird vermutlich mehr oder weniger erröten! Aber keine Angst, dagegen lässt sich ganz leicht etwas machen: Sie benötigen dafür lediglich einen Chirurgen, der Ihnen ein Loch in die Achselhöhle bohrt und in der Thoraxhöhle einen speziellen Nerv durchtrennt, – dann sind Sie gefeit vor weiterem Erröten, auch Schweißhände sind damit passé!

Der wachsame Verhaltensforscher rät aber von diesem Eingriff ab, denn er hinterfragt den Sinn des Errötens: Dieser liegt ganz klar in der Beschwichtigung eines stärkeren Gegners oder einer kritischen Personengruppe. Wer also in den ersten Momenten seines Vortrags errötet, beschwichtigt dadurch sein Auditorium und wird ergo weniger kritisch, sondern wohlwollender beurteilt. Schlecht?

Die Zunge

Das kurze Zeigen der nach oben gebogenen Zungenspitze einer Frau drückt viel mehr aus, als wir mühsam mit Worten umreißen könnten. Auch ist die »fuzzyness«, die nicht scharf umrandete Bedeutung dieses Signals, verbal nicht so leicht zu umschreiben. Prinzipiell ist es ein Zeichen der Herausforderung, ein keckes Signal des Aufforderns.

Wird die Zunge hingegen nach unten vorgestreckt, so hat dies immer despektierlichen Charakter für den Betrachter. Auch Gorillas zeigen bei sozialem Stress für einen Augenblick ihre Zunge.

Wird die Zungenspitze aber, nur für einen kurzen Augenblick sichtbar, zwischen die Lippen geschoben, so ist dies ein universelles Zeichen von Ungläubigkeit (auch sich gegenüber), unausgesprochenem Dissens, Ablehnung oder Unsicherheit. Nahezu regelmäßig sendet unser Gesicht dieses Signal, wenn Überzeugung und gesprochener Inhalt nicht deckungsgleich sind, wenn wir an das Gesagte nicht glauben.

Verhaltensforscher auf der ganzen Welt haben das kurze Zeigen der Zungenspitze in folgenden Situationen bewiesen:

- Bei Gorillas und Homo sapiens sapiens unter sozialem Stress oder bei Ablehnung,
- wenn jemand einen Raum betritt, wo bereits viele fremde Personen sind (Konferenzraum, Seminarraum),

- bei Babys als Defensivsignal, wenn sich fremde Erwachsene nähern.

Die »dicke Unterlippe«

Das Schmollen wird von allen Kindern dieser Welt mithilfe der nach oben gedrückten Unterlippe signalisiert. Gerade bei Erwachsenen, wo meist nur noch Bruchstücke dieses Verhaltens gezeigt werden, signalisiert die »schmollende Unterlippe« Folgendes: »Ich bin nicht einverstanden mit dem Gesagten!« Für einen kurzen Moment wird die Unterlippe nach oben gegen die Oberlippe gedrückt und signalisiert Skepsis oder fehlende Zustimmung. Achten Sie in Diskussionen oder am Konferenztisch einmal auf diese kleine, aber subtil gesetzte Bewegung!

Interessanterweise bedeutet eine kurz aufblitzende »schmollende Unterlippe« beim Flirten nicht Ablehnung, sondern ganz im Gegenteil eher »Verfügbarkeit« und signalisiert eine gewisse »Harmlosigkeit«, so nach dem Motto: »Du kannst mir vertrauen ...«. (Nebenbei sei erwähnt, dass gerade Bill Clinton ungemein häufig diese Lippenbewegung gezeigt hat, speziell in Interviews zur Monica-Lewinsky-Affäre.) Meine Verlegerin sagte mir, dass sie dieses »Kleine-Mädchen-Getue« gut kenne, damit würden Frauen versuchen, etwas von ihrem Mann zu bekommen. Nicht sehr emanzipiert, meine ich ;-)

Sie sehen, dass für die Bedeutung eines Signals durchaus die jeweilige Situation mitentscheidend ist. Es kommt oft auf den Kontext an.

Für den interessierten Anatomen sei bei der dicken Unterlippe die notwendige Hardware aufgelistet: *M. mentalis* (Kinn), *M. depressor labii inferioris* und *M. platysma pars labialis* (Unterlippe) werden gleichzeitig kontrahiert. Diese synchronen Muskelkontraktionen stammen vom Saugreflex der Säugetiere (Mammalier) ab.

Diverse Affen zeigen diese Schmolllippe als Signal ihrer Laune. Bei den Menschen, z.B. unter den San (früher: Buschmänner) im Süden Afrikas, gilt die Schmolllippe als Zeichen der Submission. So auch bei taub-blind geborenen Kindern, die Körpersprache nicht durch Nachahmung erlernen können. Erwachsene zeigen dieses Signal auch dann, wenn sie sich schämen.

Rein anekdotisch kann ich berichten, dass ich die dicken Unterlippen oft bei Kollegen im Unternehmen gesehen habe, die ein unerfreuliches E-Mail gelesen hatten. Auch beim Durchscannen des Jahresergebnisses in Excel-Tabellen bekommt man die dicke Unterlippe zu sehen – wenn das Ergebnis nicht ganz die Erwartungshaltung widerspiegelt.

Die »gepressten Lippen«

Werden beide Lippen fest gegeneinandergepresst, so signalisiert dies bei erwachsenen Menschen Wut und Zorn – typische Urheber *dominanter* Verhaltensweisen. Unter Affen werden die angespannten, gepressten Lippen als Zeichen des Drohens und Dominierens eingesetzt. Gerade im Rahmen von Meetings lässt sich der zusammengekniffene Mund schön beobachten. Meist zeigt diesen ein Mitarbeiter, wenn er seinem »Erzfeind« zuhören muss und mit dessen Inhalten so gar nicht zufrieden ist.

Bei neugeborenen Menschen signalisieren die gepressten Lippen, in Kombination mit herabgezogenen Augenbrauen, ein »genug gefüttert oder gespielt – es reicht!«.

Der »spitze Mund«

Werden die Lippen gespitzt, als ob man stumm pfeifen würde, so ist das nicht nur eine anatomische Fortsetzung des Schmollmundes (Unterlippe gegen Oberlippe), sondern auch eine inhaltliche: Von der Skepsis des Schmollmundes weg spitzen sich nun die Lippen mit der Bedeutung eines Dissenses, einer Ablehnung der Fremdmeinung.

Dieser Prozess läuft neuro-anatomisch folgendermaßen ab: Wenn das für die Sprache zuständige Broca'sche Hirnareal einen Widerspruch vorbereitet, so geht automatisch über das limbische System, das die Emotionen steuert, ein Befehl an einen Gesichtsnerv im Hirnstamm, die Lippen im Zuge der Ausformung eines verbalen Widerstandes zu spitzen.

Der spitze Mund stellt somit eines der ersten Zeichen eines Widerstands dar. Wenn Sie in einem Gespräch einen »Spitzmund« sehen, können Sie automatisch mit mentalem Widerstand des Zuhörers rechnen.

Die Nase

Unsere Nase ist beweglicher, als man glauben möchte. Bei vielen Menschen lässt sich beobachten, dass sich die Nasenspitze beim Reden hebt und senkt. Hier besteht für den Betrachter Gefahr, grundlos grinsen zu müssen, was auf Nichteingeweihte seltsam wirken mag!

Beim heftigen Atmen, oder bei intensiven Emotionen erweitern wir unsere Nasenlöcher, um besser Luft zu bekommen, und dieser Mechanismus kann auch dann unbewusst ablaufen, wenn wir stark ablehnende Emotionen gegenüber einem Kollegen oder dessen Standpunkt haben.

Achten Sie (vermeiden Sie tunlichst, hinzustarren!) einmal bei einer Sitzung im Rahmen eines Konflikts auf die Nasenlöcher Ihrer Kollegen. Ablehnung kann, aber muss nicht damit signalisiert werden.

Die Augen

Ein Blick sagt mehr als tausend Worte – ein altes Diktum, dessen Wahrheitsgehalt wir auf den Zahn fühlen sollten ;-)

Voraussetzung für einen Blick sind die Augen, was weiß der Biologe darob zu berichten? – Alles Bewegliche am Auge dient der Kommunikation: die Lider, die Pupillen, das Auge selbst und die Augenbrauen inklusive. Mit Einsatz dieser anatomischen Strukturen lassen sich herrlich Emotionen, Überzeugungen und Launen kommunizieren.

Aber wie funktioniert das im Detail? Wie bei allen Primaten dient auch bei uns Menschen das Gesicht der sozialen Kommunikation, und wir trachten, durch Blickkontakt Informationen über die Emotionen der Mitmenschen zu erhaschen, um diese grob in *negativ* oder *positiv* zu kategorisieren.

Negative Signale sind verengte oder gar geschlossene Lider, genauso wie ein Wegsehen. Wenn wir den Blick abwenden, signalisieren wir eindeutig negative Gefühle, Ablehnung oder Dissens, während das Zusammenkneifen der Augen auch ein Drohen bedeuten kann.

Werden die Augen aber kurz geöffnet, flackern sie auf, so ist das ein Hinweis für eine Zustimmung, eine positive Überraschung oder echte Freude. Dabei erweitern sich die Pupillen und meist heben sich die Augenbrauen ein wenig.

Interessanterweise werden Fotos von Frauengesichtern als attraktiver beurteilt, wenn man den Frauen (zuvor künstlich oder nachher virtuell) die Pupillen vergrößert hat. Auch hier wirkt sich das Signalisieren einer positiven Emotion (per Pupillen) auf den Betrachter aus, dieser wird grundsätzlich positiver in seinen Beurteilungen.

Die Blickrichtung ist ebenso aussagekräftig: Wohin wir blicken, dort ist unsere Aufmerksamkeit, das wissen etwaige Betrachter.

Schauen wir aber einem Fremden direkt in die Augen, so wird sich sein sympathisches Nervensystem zu Wort melden und ihn in eine Fight-or-Flight-Situation versetzen. Sein Blutdruck wird steigen, die Herzfrequenz wird sich erhöhen und er wird sich in Summe nicht sonderlich wohlfühlen. Daher wird er (nach max. drei Sekunden) seinen eigenen Blick senken, um sich diesem Stress zu entziehen. Blickkontakt abbrechen wirkt prinzipiell stressmindernd, denn wer jemand anderen anstarrt, versucht eindeutig diesen zu dominieren (Mensch wie Affe)! Daher ist es z.B. in Japan nicht Usus, einem Sprecher oder Vortragenden in die Augen zu sehen, sondern es wird empfohlen, ihm auf den Hals oder auf das Brustbein zu blicken.

Das Abbrechen eines Blickkontakts signalisiert Ablehnung und Dissens. Ähnlich ist das *Zu-Boden-sehen:* So wird jeglicher Blickkontakt vermieden, man gibt sich vorweg submissiv und verschlossen, bekennt eine Schuld oder geniert sich. Damit aber nicht genug, kann es auch noch einen davon abgeleiteten Aspekt haben. Im Rahmen eines Gesprächs oder einer Diskussion kann das Blicksenken durchaus eine Täuschung oder das Verbergen einer Wahrheit signalisieren!

Als deutliche Submissionsgeste wird es beim Anbahnen einer Beziehung gezeigt: Das prospektive Pärchen flüstert und starrt dabei nach unten: So wird dominantes Verhalten unterdrückt. Denn in so einer Situation Druck auszuüben oder Überlegenheit zu signalisieren, sind keine optimalen Begleiter eines Flirts oder einer angehenden Beziehung.

Der Blick zu Boden war sehr schön in der Ära Bill Clinton zu beobachten: Als er im TV über seine Beziehung zu einer Angestellten im Weißen Haus befragt wurde und diese leugnete, sah er stets nach unten und vermied jeden Blickkontakt mit den Zusehern. Nach einem Fernsehinterview, als er meinte »I did not have a sexual relationship with that woman«, ging er ab, zeigte dabei aber folgende Signalkette: Er sah zu Boden, presste die Lippen aneinander und ließ kurz die Zungenspitze sichtbar werden – alles Zeichen der Unsicherheit und, wie die Geschichte unbarmherzig aufdeckte, der Lüge.

Ein weiterer interessanter Aspekt ist *das Blinzeln:* Die Blinzelfrequenz geht Hand in Hand mit einer nervlichen Erregung: Wer nervös wird, wer sich aufregt, zeigt dies durch hochfrequentes Blinzeln. Im Normalfall blinken unsere Augen ca. 20 Mal pro Minute, unter Stress hingegen bis zu 150 Mal.

Laut David Cohen hat Tinbergen, der gemeinsam mit Konrad Lorenz den Nobelpreis für Medizin erhalten hat (ebenso ein Verhaltensforscher), schon in den Siebzigerjahren bei den Schimpansen auf die erhöhte Blinkfrequenz unter Stress verwiesen. Aber was stresst uns?

Im Falle des Blinzelns zeigt sich immer deutlicher, dass oft eine Lüge Ursache für inneren Stress darstellt. Wer zu einem unangenehmen Thema befragt wird, reagiert oft mit erhöhter Blinkzahl, und wenn er sich genötigt fühlt, die Unwahrheit sagen zu müssen, so kann sich die Normalfrequenz sogar versiebenfachen!

Dass diese Lid-Kontraktionen unbewusst ablaufen, haben wir in der evolutionären Kette den Amphibien zu verdanken, denn von ihnen haben wir die Nervenverschaltungen und deren Steuereinheiten übernommen.

Wenn Sie aus guten Gründen irgendwann einmal die Unwahrheit sagen müssen, so achten Sie darauf, dass mit Ihnen nicht Ihre Amphibien durchgehen!

Die erhöhte Blinzelrate ist in drei speziellen Situationen nahezu immer zu beobachten:

- beim Flirt,
- bei einem Vortrag/einer öffentlicher Rede,
- wenn Sie sich der Unwahrheit nähern.

Es ist das Hormon Dopamin, das in diesen Situationen unseren Wimpernschlag rasen lässt, und dessen Ausschüttung können wir kaum willentlich beeinflussen.

Sehr schön lässt sich mit *den Augenbrauen* kommunizieren! Als Erstes sei hier der Augengruß beschrieben, eine Universalie (kulturübergreifend ident), die jeder versteht und sendet: Dabei werden, wenn man jemand Bekannten sieht und nicht verbal grüßen kann, die Augenbrauen gehoben, die Augen weit geöffnet, der Kopf gehoben und lächelnd wieder abgesenkt. Es ist ein »Wiedererkennungszeichen« und signalisiert die individuelle Bereitschaft zur Kontaktaufnahme (genauestens untersucht von Eibl-Eibesfeldt 1989).

Sollte man allerdings von einer Person mit gesenkten Augenbrauen betrachtet werden, so verheißt das nichts Gutes! Unter Kollegen, an einem Konferenztisch, ist dies eindeutig ein Zeichen von Dissens, Zweifel und im besten Fall bloß Unsicherheit. Aber prinzipiell ist es Teil des Drohstarrens, gesteuert von den Emotionen Wut und Ärger.

Interessanterweise unterscheidet sich das gehobene Brauenpaar nicht nur inhaltlich von dem gesenkten, sondern gilt in erster Linie als Verstärker aller Signale, die wir gerade mit unserem Gesicht kommunizieren!

Ein Lachen wird intensiver durch gehobene Augenbrauen, die dicke Schmolllippe wirkt noch stärker (Submission), wenn sie von gehobenen Brauen begleitet wird, und ein dominantes Anstarren wird so um einiges unerträglicher!

Die Signale kurz zusammengefasst

Kopf im Nacken: Dominanz, Überlegenheit
zusammengekniffene Augen: Dominanz, Drohung, Dissens
gepresste Lippen: Dominanz, Wut, Frustration
Drohstarren: Dominanz
Ekelgesicht: Ablehnung, Zweifel

Zungenspitze runter: Ablehnung, Verhöhnung
Zunge zwischen Lippen: Dissens, Ablehnung
Abwenden des Blickes: Dissens, Ablehnung
spitzer Mund: Dissens
echtes Lächeln: Submission, Freude
Rotwerden: Submission, Flight-Reaktion
Blick zu Boden: Submission, Täuschung
dicke Lippe: Submission, Trauer, Unsicherheit
Zungenspitze hoch: kokette Provokation
aufgerissene Augen: Überraschung
schnelles Zwinkern: Aufregung

Es lässt sich an dieser Aufstellung gut erkennen, dass das Verschließen des Gesichts (Augen eng, Lippen gepresst, Brauen tief) ein dominantes Signal ist (mit Bedeutung der sozialen Ablehnung), während das Öffnen des Gesichts meist mit positiven Assoziationen einhergeht und eine Aufforderung zu sozialem Kontakt darstellt. Submission bedeutet nicht automatisch Unterlegenheit, es steht auch für gute Absichten und Ehrlichkeit.

Nachdem wir jetzt intensiv den Kopf mit all seinen nonverbalen Kommunikationsmöglichkeiten beschrieben haben, wenden wir uns dem Rumpf zu, dem ältesten Kommunikator unseres Körpers.

Die Posen des Rumpfs

Eine Pose ist das Gegenteil einer flüssigen Körperbewegung. Wenn eine Bewegung für länger als zwei Sekunden eingefroren wird, sprechen wir von einer Pose. Posen sind sehr oft expressiv für Gefühle, Geisteshaltungen und Launen, sie bestechen durch ihre Dauer und sind, je nach Situation, intensiver als flüssige Gesten.

Posen werden vom Rumpf, dem Oberkörper gezeigt – dem mit Abstand ältesten Körperteil in der Entwicklung unserer Anatomie.

Bewegungen und Posen des Rumpfs sind die ehrlichsten und basalsten Signale der Körpersprache und am schwierigsten zu kontrollieren. Die Muskulatur und die Nerven, welche die Bewegungen steuern, entsprechen denen der allerersten Wirbeltiere, der kieferlosen Fische: Von den kieferlosen Fischen des Ordoviciums bis zu den Finanzhaien der Wallstreet sind die Signale des Oberkörpers so ziemlich die gleichen, David B. Givens, Anthropologe und Chef des Instituts für Nonverbale Kommunikation, hat dies über Jahre hinweg in sämtlichen seiner Publikationen fein säuberlich herausgearbeitet.

Gerade in Business Meetings, in denen Emotionen hochgehen, kommt die ehrlichste Botschaft nicht von Händen oder Armen, sondern vom Rumpf. Unbewusste Rumpfbewegungen und die Ausrichtung der Oberkörper zueinander bringen sehr gut zum Ausdruck, wie die Kollegen zu einem selbst oder zu einem Standpunkt stehen. Annäherung, Vermeidung und Zurückweisung lassen sich in der Rumpfbewegung erkennen wie sonst nirgendwo.

- Vorlehnen → Aufmerksamkeit
- Zurückziehen, Wegdrehen → Ablehnung, etwas Negatives
- Expansion → Stolz, Einbildung, Arroganz
- Rumpf vorne, Kopf gesenkt, hängende Schultern, eingefallener Brustkorb → Niedergeschlagenheit, Depression, Niederlage

Orientierung zu einander

Wir begeben uns jetzt in einen Bereich der ganz groben Aussagen. Bewegungen des Oberkörpers spiegeln nämlich basale, kaum verfälschte Inhalte wider. Die Oberkörperorientierung gibt uns Auskunft darüber, wie wir zueinander stehen, wen wir sympathisch finden und ob wir uns einer gewissen Meinung anschließen.

Wieso? Positionsveränderungen des Oberkörpers werden (im Unterschied zu den Gliedmaßen) von Rückenmarksnerven (segmentale Spinalnerven) gesteuert, die sehr direkt die Emotionen weitergeben. Diese Nerven haben ihre eher primitive Funktion der Posen-Kontrolle bewahrt und signalisieren über Basalganglien und Stammhirn *Wut, Dissens* und *Ablehnung* viel direkter als die Gliedmaßen, deren Innervierung um einiges komplexer und differenzierter ist. Deshalb sind die Inhalte ehrlicher und glaubwürdiger, da sie nahezu nicht zu kontrollieren sind.

»Ich empfinde starke Zuneigung ...!« – In diesem Satz steckt nicht nur die simple Botschaft, sondern auch eine anatomische Position.

Prinzipiell gilt, dass wir uns unbewusst den Personen zuwenden, die wir gut leiden können, oder deren Meinung wir teilen. An einem Konferenztisch ist diese Person (*surprise surprise*) meistens der Boss oder eine andere hochrangige Person. Diese Signale werden unbewusst versendet und geben sehr gut Auskunft über soziale Gefüge: Der Status in einem Sozialgefüge zeigt sich sehr gut darin, wer die meiste Aufmerksamkeit erlangt! Sogar in Kindergärten konnte gezeigt werden, dass dem »Bandenführer« mehr Aufmerksamkeit zuteil wird, dass er öfter und länger angeschaut wird und dass er ungestörter sprechen kann.

In der Berufswelt ist das nicht anders. Wenn Sie Menschen an einem Konferenztisch beobachten, können Sie sehr leicht die einflussreichste Person feststellen: Ihr werden die meisten Oberkörper zugewandt, ihr gelten die meisten Blicke. Wenn eine weniger »wichtige« Person das Wort ergreift, so folgen ihr zwar Augen und Köpfe der anderen, die Sitzpositionen und die Oberkörper bleiben aber dem Ranghöchsten zugewandt.

Genauso gilt für das *Abwenden*, das *Wegdrehen* ein Entziehen der positiven Einstellung. Wenn sich in einer Diskussion ein Gesprächspartner plötzlich abwendet oder den Oberkörper wegdreht, so ist mit hoher Wahrscheinlichkeit mit einer ablehnenden Haltung dieser Person zu rechnen. Dissens wird meist zuerst mit dem Oberkörper signalisiert, dem folgen Gesten der Hände und mimische Unterstützung.

Wobei ich hier nicht von einer extremen Veränderung der Positionen spreche, sondern durchaus auch von kleinen Korrekturen der Bodywalls zueinander.

Sind Oberkörper zueinander parallel ausgerichtet, so signalisiert dies eine neutrale Grundeinstellung, eine gewisse Indifferenz, die eher zu Ablehnung tendiert denn zu einer Zuneigung.

In diesem Zusammenhang möchte ich auf einen der letzten Wahlkämpfe in Österreich verweisen: Bei den Fernsehkonfrontationen waren die Stühle der Kandidaten so angeordnet, dass sich die Kontrahenten frontal gegenübersaßen. Diese Position wurde auch von fast allen Politikern eingenommen, nur einer hat sich stets seitlich hingesetzt und dem Gegenüber (und somit auch dem Zuseher) nicht die komplette Front geboten: der spätere Wahlverlierer und Vertreter der FPÖ Herbert Haupt. Gegenüber seinen politischen Opponenten mag dies sinnvoll scheinen, nicht allerdings gegenüber den Zusehern: Die Zuseher wurden im Rahmen des Wahlkampfes von Herbert Haupt über drei Stunden lang mit einer Pose der Ablehnung und des Dissenses bedacht. – Dies scheint unbedacht, aus der Sicht eines Verhaltensforschers.

Auch im Rahmen eines Flirts bleibt die Signalbedeutung aufrecht: Bei gegenseitigem Gefallen orientieren die zwei

Flirtenden ihre Oberkörper frontal zueinander, auch wenn sich Gesicht oder Blick wegorientieren.

Die Schultern – sich klein machen

Die Schultern verbinden den Torso mit den Armen und werden von emotional sensitiven Muskeln bewegt.

Charles Darwin war bestimmt nicht der Erste, aber wohl der berühmteste Forscher, der 1872 den *shoulder shrug*, auf Deutsch das *Achselzucken* (oder besser: *erschrecktes Zusammenzucken*), beschrieb. Darwin konnte seinerzeit zehn unterschiedliche, aber integrierte Körperbewegungen beschreiben, die in ihrer Summe das Achselzucken ausmachen; spätere Forscher fügten drei weitere hinzu:

1. Die Schultern werden gehoben.
2. Der Kopf wird zur Seite gelegt.
3. Die Ellbogen werden gebeugt und eng an den Rumpf gelegt.
4. Die Unterarme drehen die Handflächen nach oben.
5. Die Handflächen werden präsentiert (Extension der Handgelenke).
6. Die Finger werden gestreckt.
7. Die Finger werden gespreizt, die Hände geöffnet.
8. Die Augenbrauen werden gehoben, gleichzeitig wird die Haut zwischen ihnen angespannt (wie beim bösen Schauen).
9. Der Mund wird aufgerissen und/oder
10. Die Unterlippe gegen die Oberlippe gedrückt (Schmollmund).
11. Knie werden nach innen gedreht (X-beinig).
12. Der Oberkörper beugt sich vor.
13. Die Zehen werden angewinkelt.

Diese 10 bis 13 Bewegungsmuster laufen synchron und automatisiert ab und entsprechen in ihrer Gesamtheit einem Zusammenzucken. Der Körper soll kleiner scheinen.

Es sind Gefühle der Submission, welche die Muskeln zu diesen Bewegungen koordinieren (über die Amygdala und die Basalganglien des Stammhirns). Es ist der Versuch, unsere Längsachse des Körpers zu verkleinern, einzurollen oder wegzudrehen, und die daran befindlichen Gliedmaßen einzuziehen. Die Wirkung zielt eindeutig auf ein Verharmlosen der eigenen Erscheinung ab.

Weltweit gilt das Zusammenzucken, das Achselzucken, als ein Zeichen der Resignation, der deutlichen Submission und auch einer gewissen Unsicherheit. Einzelne Komponenten, wie den Kopf seitlich zu legen oder die Schulter hochzuziehen, signalisieren Machtlosigkeit oder Einflusslosigkeit.

Die Botschaft »*Ich bin harmlos*« wird natürlich auch im Flirt eingesetzt. Schräger Kopf, abgewinkelte Körperachsen, der Blick von unten etc. signalisieren die harmlosen Absichten und bezeugen freundliche, arglose Annäherung.

Das Gegenteil des Zusammenzuckens ist das Vergrößern der Erscheinung.

Sich groß machen

Der Versuch, die eigene Erscheinung zu vergrößern, steht in engem Zusammenhang mit anderen Formen des Imponierens. Die Hauptachse des Körpers wird gestreckt, und die Gliedmaßen werden möglichst breit ausgestellt.

Wir kennen dieses Verhalten von aufbockenden Pferden, von aggressiven Bären und, im Speziellen, von den Eidechsen, den Urhebern der »Anti-Schwerkraft-Signale«.

Diesen Signalen wohnt immer ein Sich-vom-Boden-Wegdrücken inne und sie sind prinzipiell Vorläufer aggressiver

Signale. Sie bedeuten Überheblichkeit, Stärke und ausgeprägte Zuversicht.

Bereits bei den Fischen gilt Körpergröße und somit beeindruckende Erscheinung als Merkmal von Stärke und Macht. Rangkämpfe werden durch »Aufplustern« ausgestritten, und bei den Kugelfischen sind die Konsequenzen der Evolution deutlich sichtbar und bekannt. An Land haben die Reptilien diese Bewegungsmuster zu »Liegestützen« transformiert, je höher sich eine Eidechse vom Boden wegdrücken kann, desto größer wirkt sie. Bei den Säugetieren sind Körpervergrößerungen bekannt, denken Sie an Bären, Gorillas, Löwenmähnen und sogar Sakkos mit breiten Schulterpolstern.

Sogar den Autos werden auf diese Weise Muskeln verpasst, Spoiler, Radkästen und Frontschürzen lassen einen Wagen bulliger und stärker wirken, als er vermutlich ist. Der Industriezweig der Tuner und Spengler lebt gut vom Wunsch nach Größe!

Wir Menschen, und speziell die Männer, drücken unsere aufgeblasene Brust Richtung Himmel, heben die Nase und versuchen von oben nach unten auf die anderen zu blicken.

Wir stemmen die Hände in die Hüfte, um breiter zu wirken, und beim Militär müssen, wenn man bewegungslos steht (Habt Acht!), die Zehen in einem vorgegebenen Maß nach außen zeigen (das Gegenteil des submissiven x-beinigen Stehens!).

Die Arme

Nach Kopf und Rumpf möchte ich nun die Signalwirkung und die Botschaften besprechen, die von unseren Armen ausgehen.

Von allen beweglichen und somit kommunizierenden

Teilen unseres Körpers sind die Arme noch am weitesten unserem Willen unterworfen. Wir können mit ihnen, sowohl bewusst wie auch unbewusst, die schönsten Gesten setzen, langatmige Schachtelsätze strukturieren und inhaltliche Komplexität andeuten. Unsere Arme und Hände sind zu so komplexen Leistungen fähig, dass es noch keine Maschine ähnlicher Leistung und Fähigkeit gibt!

Aber was zum ✳✳✳ soll man mit den Armen machen, wenn man vor einer Menge auf einmal etwas sagen muss? Da beginnen die sonst so geschätzten Greifwerkzeuge uns im Weg zu sein, wir wissen nicht wohin mit ihnen und verstecken sie vorsichtshalber hinter dem Oberkörper. Doch wie wirkt das? Welche Wirkungen werden hervorgerufen?

In erster Linie können wir zwei Grundmuster unterscheiden: einerseits *Palm-down-Gesten*, das sind Gesten mit nach unten gedrehten Handflächen (infolge: PDGs; aus dem engl.: Ballen nach unten) und andererseits *Palm-up-Gesten*, bei denen die Handflächen nach oben zeigen (infolge: PUGs).

Die nach oben gedrehten Handflächen kennen wir bereits vom erschreckten Zusammenzucken und signalisieren Submission (Konzilianz, Freundlichkeit, Arglosigkeit, …), die PDGs hingegen resultieren aus den Anti-Schwerkraft-Signalen und Vergrößerungsversuchen unserer Vorfahren. Sie stehen für Dominanz (Durchsetzungsvermögen, Kompromisslosigkeit, Selbstsicherheit, …).

Die Palm-down-Gesten

Am einfachsten lassen sich PDGs so erklären: Es sind die Armbewegungen und die Handhaltung, die man bei Liegestützen macht. Es sind ganz einfach Pumpbewegungen der Arme nach unten, mit gestreckten Fingern.

Dieses Bewegungsmuster stammt von den Reptilien ab,

denn diese waren die ersten reinen Landlebewesen und mussten sich daher Bewegungsmuster zulegen, mit denen sie sich der Schwerkraft widersetzen konnten. Diese spezifischen Bewegungsabläufe setzen die Reptilien auch ein, um Konkurrenten zu imponieren, bzw. zu drohen. Es ist der Versuch, sich größer zu machen oder sich auch aufzurichten, im Fachjargon auch *Anti-Schwerkraft-Signale* genannt.

Wir Säugetiere haben diese Bewegungsmuster direkt von den Wirbeltieren übernommen, auch im Kontext des Imponierens und Drohens. Dass das nicht nur so dahergesagt ist, zeigen neurologische Untersuchungen an Mensch und Tier, die darlegen, dass die gleichen Nervenverschaltungen bei beiden aktiviert werden, wenn wir/sie Droh- oder Submissionsgesten setzen.

Sehen wir uns einige Bedeutungen genauer an: Prinzipiell kann man PDGs als Verstärkung und Unterstreichung des Gesprochenen sehen. Es sind stets Zeichen der Dominanz, des Geltungsbedürfnisses und eines ausgeprägten Selbstbewusstseins.

Ideen, von PDGs begleitet, wirken überzeugender und man kann Argumenten mit PDGs das letzte Quäntchen Durchschlagskraft verpassen. In Diskussionen sind PDGs eher Gesten des Überfahrens denn des Überzeugens, sie kommunizieren den sehr stark ausgeprägten Wunsch, in einer bestimmten Sache Recht zu behalten und vom eigenen Standpunkt nicht abrücken zu wollen.

Gerade an einem Konferenztisch sind PDGs extreme Dominanzsignale. Dort wirken sie wie ein Einhämmern Ihres Standpunktes und ein Nicht-Dulden anderer Ideen. Der geringe Individualabstand an einem Tisch (Abstand zwischen den Sitzenden) vergrößert die Wirkung jeder Geste. Dessen sollten Sie sich bewusst sein und vielleicht mit Dominanzsignalen eher sparsam umgehen. Ob diese Gesten zu Ihrer Persönlichkeit passen, oder gar zu Ihrer Verhandlungstaktik, müssen Sie wohl selber herausfinden.

Haben Sie das Gefühl, dass Sie von den Anwesenden in Ihren Standpunkten unterstützt werden, so können Sie mit gesturalen Verstärkern den Zuspruch unterstützen, ihn sozusagen pushen! Sie werden dadurch immer »lauter« und bringen sehr deutlich Ihren Standpunkt rüber. Das Band des Konsenses mit dem Auditorium wird dadurch stärker und ein finales Wir-Gefühl lässt Ideen wie Dogmen erscheinen.

Sollten Sie diese Fähigkeit beherrschen, so bitte ich Sie, nicht in die Politik zu gehen ... Danke.

Auch Ablehnung lässt sich mit PDGs unglaublich gut verdeutlichen, das »Von-sich-weg-nach-unten-Schieben« einer Sache wirkt immens auf konsensuale Betrachter, laut geäußerter Zuspruch ist Ihnen gewiss. Wir kennen diese Gesten sehr gut von den geschickten Populisten, egal welcher Funktion, die eher durch Ablehnung und Ausgrenzung auffallen: Sie verstehen es, den Zuspruch eines Auditoriums geschickt durch gezielte Gestik zu verstärken. Sie sprechen dann von »... denen da« oder »... das wollen wir bei uns nicht« und zeigen dabei weit ausholende Palm-down-Gesten, damit sie nur ja nicht ihre Wirkung verfehlen.

Auch auf den Tisch klopfen ist typisch für PDGs und spricht weltweit für sich (Affen klopfen auf den Boden, wenn sie gewisse Ansprüche verteidigen; Nikita Chruschtschow hämmerte mit einem Schuh auf das Rednerpult, um seinen Standpunkt als unverrückbar zu betonen).

Wenn im Rahmen einer Sitzung ein Konsens gefunden wird, so wird oft das finale »Packen wir es an!« von einer beidarmigen Palm-down-Geste unterstrichen: Ein selbstbewusstes Auffordern, ein Anfeuern der Mitarbeiter. Dabei wird mit beiden Händen auf einen virtuellen Tisch geklopft und angedeutet, in diesem Moment aufzuspringen, um zuvor definierte Ziele gleich erreichen zu wollen.

Überlegen wir uns einmal, wie Showmaster und Stars bei Fernsehauftritten den Applaus der Zuseher steuern: Sie pumpen mit den Armen wie bei Liegestützen und befehlen so, den Applaus zu beenden, oder sie heben mit PUGs die Dauer des Auftritts-Applauses an: »*... weiter, mehr, danke ...!*«

Übrigens sind die basalen Bedeutungen für PDGs weltweit und kulturübergreifend ident, wieder haben wir es mit einer *Universalie* zu tun. Das klassische »Beruhig dich!«, ein leichtes Pumpen, wird weltweit ebenso verstanden wie das »Auf-den-Tisch-Hauen« im Rahmen eines Gesprächs.

Ganz einfach lässt sich der individuelle Umgang mit Dominanz beim »Händereichen – Handshake« verdeutlichen: Stellen Sie sich vor, Sie reichen jemandem die Hand, und beim Schütteln dreht dieser jemand seinen Handrücken nach oben und drückt so Ihre Hand nach unten ... angenehm?

Selten empfinden wir die Dominanz anderer als angenehm und versuchen meist, diese mit Gegen-Dominanz zu beantworten. Ob das sinnvoll ist?

Ein wichtiger Reflex

Um infolge die Palm-up-Gesten (PUGs) richtig verstehen zu können, möchte ich Ihnen kurz den Asymmetrischen tonischen Nackenreflex (*ATNR*; engl.: asymmetric tonic neck reflex) bei Neugeborenen und Kleinkindern vorstellen:

Dabei werden die Gliedmaßen einer Körperseite angewinkelt, die der anderen gestreckt. Der Kopf dreht sich reflexartig zur Seite der gestreckten Gliedmaßen. Diese »Fecht-Position« ist bei Neugeborenen bis zum fünften Monat provozierbar, indem man deren Kopf auf die andere Seite dreht.

Für diesen Reflex zeichnen fixe Nervenverschaltungen verantwortlich, die die Muskeln steuern. Der darauffolgende Bewegungsablauf ist eine Ausweichreaktion und eine defensive Geste, die gerade bei Kleinkindern häufig zu beobachten ist.

Was bei Kleinkindern noch zur Gänze als Reflex im Schlaf zu beobachten ist, ist bei Kindern und Erwachsenen nur noch fragmentarisch vorhanden: Die Hand hinter dem Kopf. Unter Stress oder emotional fordernden Situation werden unterschiedliche Teilaspekte des alten Reflexes sichtbar (seitlich gedrehter/geneigter Kopf, nach oben gedrehte Handflächen, Teile des »Achselzuckens«), gesteuert von genau denjenigen Nervenbahnen, die sich für den ATNR verantwortlich zeichnen.

Diese fixe Verschaltung der Nerven spielt bei der »Hand-hinter-Kopf-Geste« eine große Rolle: Denn diese Geste sagt sehr viel über Grundlaunen unseres Befindens aus. Als unbewusstes Signal gilt es als besonders glaubwürdig für Dissens, Unsicherheit, unerfüllte Erwartungen und Ärger.

- *Eine Hand hinter dem Kopf:* Bei dieser Geste wird eine Handfläche in den Nackenbereich gebracht, um dort entweder den Nacken zu massieren oder sich durch die Haare des Hinterkopfes zu fahren oder über den Bereich unterhalb der Ohren zu streichen oder sich am Nacken zu kratzen oder das Ohrläppchen zu kneten oder daran zu ziehen etc. etc.

Sie sehen, die Geste kann sehr mannigfaltig aussehen, aber eines ist diesen Ausformungen gemein: ein abgewinkelter Arm und dessen Hand »hinter« dem Kopf. Dieser abgewinkelte Arm entspricht dem des Asymmetrischen tonischen Nackenreflexes, das Gesicht wendet sich vom Stressor ab, welchem ein Ellbogen »entgegengestreckt« wird.

Weg von der ursprünglichen Defensivgeste wird das Bearbeiten des Hinterkopfes im Rahmen eines Gesprächs zu einem Signal der Ablehnung, des Dissenses und der persönlichen Unsicherheit. Bei Beratungstätigkeiten, Coachings oder Assessments signalisieren Probanden hingegen einen gerade noch neutralen Standpunkt, der aber in Richtung Ablehnung tendiert. Es ist der Moment, wo wir über eine gewisse Sache noch nicht entschieden haben, unschlüssig sind, aber die-

ses Wanken noch nicht verbalisieren können. Und hier springt die nonverbale Kommunikation ein und kommuniziert diese Unschlüssigkeit (meist mit negativer Tendenz) sehr deutlich: *»Ich kann mir das noch nicht erklären, ich will darüber noch nicht entscheiden.«*
Weiter Signale dieser internen Unschlüssigkeit sind:

- spitzer Mund,
- kurzes Schulterzucken,
- räuspern, sichtbar schlucken,
- Blick senken.

Nehmen Sie in Verhandlungen oder Diskussionen solche Momente bei anderen wahr, so bietet sich eine gute Gelegenheit, Dissens oder Unschlüssigkeit früh aus dem Weg zu räumen, indem Sie sie ansprechen und bei der Entscheidungsfindung »ein wenig zu eigenen Gunsten« nachhelfen.

Vorsicht! Ein Arm hinter dem Kopf signalisiert zwar in erster Linie negative Einstellungen, Launen und Gefühle; zwei Arme hinter dem Kopf sind hingegen Klassiker des Dominanz-Displays.

- *Beide Hände hinter dem Kopf:* Das Präsentieren beider Achselhöhlen, kombiniert mit einem Heben des Kopfes (»Ich sehe auf dich herab«), steht für Überlegenheitsgefühl und den Wunsch, die Umgebung zu dominieren. Die Ellbogen werden dabei weit nach hinten gestreckt, um möglichst viel Raum einzunehmen. Gerade beim Flirt zeigen sitzende Burschen gerne dieses Signal, sie verbreitern dadurch ihre Erscheinung und »wollen« so eine Spur männlicher wirken. Dieses »Wollen« ist natürlich unbewusst, wie die meisten anderen Flirtsignale eher unbewusst denn beabsichtigt eingesetzt werden. Die Kenntnis dieser Signale hingegen kann schon von Vorteil sein.

Sind beide Hände nicht hinter dem Kopf, sondern eher am »Dach«, und werden die Ellbogen tendenziell vor dem Gesicht zusammengebracht, so verheißt das nichts Gutes: »Um Gottes willen!« sind meist die ersten, der Geste folgenden Worte.

Fußballspieler signalisieren so ihre Verwunderung über eine vergebene Chance, Börsenhaie vermitteln auf diese Weise das blanke Entsetzen über in den Sand gesetzte Millionen.

Die Palm-up-Gesten

PUGs zeichnen sich durch ein Drehen der Handflächen nach oben aus, die Finger sind dabei meist gestreckt.

Optisch und inhaltlich sind die PUGs genau das Gegenteil der PDGs: Sie signalisieren Submission in allen ihren Ausformungen. Die Gesten sind einladend, einbindend, freundlich ermunternd, sie vermitteln Verwundbarkeit, Arglosigkeit und die Bereitschaft zur Kooperation.

Bei Fragen, die mit *wer, wie, was, wo, wann* und *wieso* beginnen, sind PUGs Universalien, beobachtet bei Menschen von Papua-Neuguinea bis St. Florian am Walde.

Speziell an einem Konferenztisch gehört die einladende PUG zu den stärksten, entwaffnendsten Waffen. Während Betrachter, Kollegen oder Untergebene auf PDGs eher leicht negativ reagieren, so sind PUGs eine gute Möglichkeit, sich Verbündete ins Boot zu holen!

Hinstechendes Zeigen auf Kollegen/Kunden (PDG) erregt im Verkauf oder in einer Entscheidungsfindung eher Widerstand bei den Betroffenen denn einladendes, gesturales »Ins-Boot-Holen« mit nach oben gedrehten Handflächen. Die »bittend ausgestreckte« Hand wird als angenehm empfunden und kaum verweigert. Sie können dabei mit hebenden Bewegungen ihre Mitarbeiter »aufwerten«, oder zumindest deren Standpunkte. Die nach oben gerichteten Handflächen vermitteln stets Konzilianz und den Wunsch nach Übereinstimmung, auch wenn Sie anderes bezwecken: Das »Entwaffnende« dieser Geste können sich geschickte Verhandler sehr gut zunutze machen, indem sie die Opponenten wohlwollend stimmen, um ihnen dann doch den eigenen Standpunkt konziliant »aufs Aug' zu drücken«. Sie haben sich durchgesetzt, ohne den anderen dabei ein ungutes Gefühl zu induzieren!

Auch unsere affigen Verwandten (Affen, nicht Familienmitglieder!) wissen über die Wirkung von PUGs Bescheid: Die Schimpansen strecken den Arm mit nach oben gedrehten Handflächen aus, wenn sie entweder einen Gegenstand oder sozialen Kontakt haben wollen.

Ob Mensch oder Schimpanse, die submissiven Gesten der Wirbeltiere stammen von 500 Millionen Jahre alten, defensiven Bewegungsmustern aquatischer Lebewesen ab. In deren Gehirn und Rückenmark waren die defensiven Bewegungsabläufe fix abgespeichert und jederzeit abrufbar. Diese Nervenverschaltungen (zu einer ersten Reaktion auf eine Bedrohung) haben die späteren Wirbeltiere und auch die Säugetiere übernommen und beibehalten. Die Inhalte wurden ein wenig abgeändert, blieben in ihrer basalen Bedeutung aber gleich: »Tu mir nichts, ich bin harmlos.«

Der Selftouch

Beim Selftouch berühren wir uns selbst am Körper oder an der Kleidung. Diese Berührungen sind gute Hinweise darauf, dass unser sympathisches Nervensystem gerade gefordert wird und eine Fight-or-Flight-Reaktion vorbereitet.

Offensichtlich triviale Selbstberührungen können uns helfen, unsere Nerven zu beruhigen und übertriebenen Verhaltensweisen vorzubeugen. Physischer Kontakt mit einem

Körperteil stimuliert dessen taktilen Nervenendigungen und richtet die Orientierung der Aufmerksamkeit nach innen, weg von Stresselementen außerhalb des Körpers. Sehr schön ist dies zu beobachten, wenn Menschen unter Stress beginnen, sich ins Gesicht zu fassen, an der Nase zu reiben oder mit den Fingern um den Mund zu streichen. Aber auch das Verschränken der Arme, das Sich-Umarmen, führt zu diesen beruhigenden Selbstwahrnehmungen.

Akupressurtechnische Aspekte der Shiatsu-Massage arbeiten nach diesem Prinzip. Schmerzende Körperstellen werden aus diesen Gründen gerieben, um vom Schmerz wegzulenken. Da der Thalamus nicht die gesamte eintreffende Information verarbeiten kann, reduziert Selftouch Angst ähnlich wie Schmerz.

Der Selftouch kommuniziert eine Anregung des sympathischen Nervensystems. Das sympathische Nervensystem wird dann angeregt, wenn wir einen extra Schub Energie brauchen. Unter emotionalem Stress steigt das Erregungsniveau schnell an und wir beginnen, uns selbst zu berühren. Es ist der Versuch, sich wohler zu fühlen, sich selbst ein wenig Geborgenheit zu vermitteln und auf diese Art Stress zu unterdrücken oder abzubauen. Gerade die Lippen werden meist mit den Fingerspitzen berührt, man umarmt sich selbst, reibt sich die Hände oder kratzt sich. Diese Bewegungen werden mit steigendem Stress häufiger und signalisieren unter Umständen Betrug, Ablehnung, Angst, Unsicherheit und Meinungsdifferenzen.

Bei nervösen oder ungeübten Rednern ist zum Beispiel Folgendes sehr gut zu erkennen: Während der Vortragende die ersten Worte spricht, sucht er seine Sicherheit. Dazu umarmt er sich quasi selber: Er drückt seine Oberarme wärmend an seine Seiten, die Unterarme stehen in engem Kontakt zum Bauch und die Hände reiben einander, dass die Zuhörer es bis in die letzte Reihe hören können.

Noch schlimmer ist nur noch die extremste Art des Selftouch, das Stehen mit verschränkten Armen. (Diese Form der Schutzsuche bei sich selbst ist von verängstigten Kleinkindern bekannt und beschrieben.)

Findet der Vortragende schön langsam seine Sicherheit wieder, so wird seine Position lockerer und er beginnt, die Arme vom Selftouch zu lösen und für gezielte Gestik einzusetzen.

Am Konferenztisch, bei Verkaufspräsentationen oder Diskussionen, ist der Selftouch häufig zu beobachten: Fasst nicht der Vortragende, sondern der Zuhörer sich ins Gesicht, kratzt sich oder reibt sein Ohrläppchen, ist er höchst wahrscheinlich mit dem Gesagten nicht einverstanden oder kann zumindest nicht zustimmen.

Selftouch ist ein wunderbarer Hinweis auf Unsicherheit, Dissens und Misstrauen!

Fasst hingegen der Sprechende in sein Gesicht oder zeigt andere Selbstberührungen, so signalisiert er unbewusst, dass er unter Umständen sich selbst nicht traut: Er ist unsicher, weil er entweder von seinen Ausführungen nicht überzeugt ist, oder weil er bewusst die Unwahrheit sagt.

Kaum ein nonverbales Signal steht der verbalen Lüge so nah wie der Selftouch: Der Körper entlarvt sozusagen den Geist!

Wer hingegen in Körpersprache trainiert ist, kann versuchen, dem vorzubeugen. Dies funktioniert aber nur dann gut, wenn derjenige schon vorher über seine »Lüge« Bescheid weiß und versucht, sich im richtigen Moment zu kontrollieren.

Der Steeple

Der Steeple (Kirchendach) ist das Zusammenführen der Fingerspitzen beider Hände. Die Fingerkuppen beider Hände berühren einander vorsichtig und zart. Dabei formen die Hände ein Kirchendach oder auch eine Bischofsmütze.

Diese Geste signalisiert »*Ich denke nach*«, im weiteren präzise Gedanken, aufmerksames Zuhören und Komplexität von Inhalten. Man kann damit neue oder provokante Thesen vorbringen oder auch kreative Problemlösungen erwägen.

Der Steeple fordert aber geradezu ein »Leiser-Werden« und ein »langsames Sprechen« von seinem Darsteller. Die Kombination dieser drei Aspekte wirkt extrem: bedachte, unaufdringliche Kompetenz plus die Möglichkeit, für das Auditorium mitzudenken. Denn wer Ihren Gedanken folgen kann, wird Sie und Ihre Gedanken auch besser verstehen.

Gerade an einem Konferenztisch ist diese Geste sehr mächtig und bedeutet intensives Mitdenken. (Sie finden dazu im Internet Fotos von Oppenheimer und Einstein.) Bei Trainingseinheiten, Briefings, Seminaren oder Finanzbesprechungen zeigt sich diese Geste häufig, und zwar immer dann, wenn präzise Fingergesten ein sorgfältiges Argumentieren, Rechnen und Nachdenken reflektieren.

Parallele Handflächen

Bei dieser Geste ziehen Sie die Handhaltung des Steeples auseinander, so als ob Sie ein unsichtbares Packet in den Händen halten würden. Aus dieser Position heraus können Sie nun durch Drehen der Handgelenke unterschiedliche Gesten setzen.

Diese Gesten sind Derivate des Steeples. Sie bestärken verbale Standpunkte und sind bei Gericht bei Plädoyers oder politischen Manifestationen zu sehen.

Inhaltlich liegen die parallelen Handflächen zwischen PUGs und PDGs, sie können damit herrlich Ihren Standpunkt skizzieren: Deuten Sie mit den parallelen Handflächen auf Ihren tatsächlichen »Stand-Punkt«, und zwar sollten die Hände dabei so weit auseinander sein, wie es zu diesem Moment Ihre Füße sind; machen Sie sich nicht breiter, aber auch nicht schmäler!

Sie können mit den parallelen Handflächen (PH) Ideen und Argumente gut skizzieren: Einerseits – Andererseits: »... einerseits *[PH rechts von Ihnen]* ... andererseits *[PH links von Ihnen]* ... ich hingegen stehe für *[PH vor Ihnen in Ihrer Standbreite]* ...«

Wichtig ist die richtige Abfolge von Bewegung, Stopp und Text.

Wie soll das genau aussehen?

Der perfekte Takt der Gesten

Wenn wir eine Geste setzen, so besteht diese Geste aus zwei Teilen:

- einerseits aus dem *bewegten Teil*, wenn Sie z.B. die parallelen Handflächen (PH) links von Ihrem Körper in Position bringen,
- andererseits aus dem *kurzen Stillstand*, wenn die PH dann in dieser Position für ein paar Sekunden sozusagen einfrieren und verharren. Dies ist genau der Taktschlag, um mit dem Text zu beginnen!

Es ist wirklich wichtig, dass Geste und Text zusammenpassen und getaktet ablaufen. Die Geste stellt stets zuerst figurativ dar, was das gesprochene Wort im Anschluss verdeutlicht!

Gleichzeitigkeit von Geste und Wort ist auch nicht schlecht, nimmt aber den Vorteil der zeitlichen Abfolge unterschiedlicher Sinneswahrnehmungen, die uns ja beim Verständnis helfen sollen.

Genauso wenig dürfen Sie auf das Einfrieren der Geste vergessen! Wenn Sie die Geste nicht durch ein Verharren akzentuieren, wird sie zu flüssig und undeutlich in ihrer Bedeutung. Beachten Sie, dass die Pausen beim Sprechen und das Einfrieren der Gesten die entscheidenden Aspekte guter Körpersprache sind!

Nur so können Sie Ihre Inhalte kompetent rüberbringen. Geben Sie Ihren Zuhörern/-sehern die Chance, mitdenken zu können, sie werden es Ihnen danken.

Der Kreuzblick

Wenn Sie beim »Einerseits – Andererseits« auch noch den richtigen Blickkontakt einsetzen, nähern Sie sich der Profiliga der Körpersprache. Ich nenne diese Kombination den Kreuzblick.

Dabei zeigen Sie mit den Händen rechts das »Einerseits« und sehen gleichzeitig einer Person links von Ihnen in die Augen, beim »Andererseits« links machen Sie es umgekehrt und sehen einer Person rechts von Ihnen in die Augen.

Wenn Sie eine rhetorische Pause nach dem »Einerseits« einfügen, um zu kontrollieren, ob die betrachtete Person auch wirklich mit dem Blick Ihren Händen folgt (detto beim »Andererseits«), haben Sie das Prinzip von gezielter Gestik, rhetorischer Pause und daraus resultierender vortragstechnischer Kompetenz verstanden.

Dazu ein Beispiel: »Um uns einer Entscheidungsfindung nähern zu können, möchte ich noch einmal die beiden wichtigsten, kontroversen Standpunkte beleuchten: Wir haben einerseits ... *[Hände rechts, Blick nach links, mind. drei Sekunden Pause]* ... den Standpunkt, dass neue Maßnahmen zu riskant sind *[Blick in die Runde]* ... und andererseits die Überzeugung ... *[Hände nach links, Blick nach rechts, mind. drei Sekunden Pause]* ... dass wir etwas ändern müssen ... *[Blick in die Runde]* ... um weiter prosperieren zu können.«

Diese Gesten sind mit Abstand die gebräuchlichsten Strukturgeber im Rahmen von Vorträgen und Diskussionen, sie erleichtern dem Zuhörer das Verständnis, da sie die Gedanken des Vortragenden visualisieren und mit Gesten aufbereiten.

Geht es noch besser? – Natürlich!

Variieren Sie die Lautstärke Ihrer Stimme und ziehen Sie dadurch noch mehr Aufmerksamkeit auf Ihre Inhalte: Sagen Sie das »Einerseits« deutlich lauter als den danach (nach der Pause) folgenden Text. Arbeiten Sie bei einem Vortrag stets mit Kontrastierungen.

Kontrastieren Sie Ihren Vortrag

Unsere Sinne messen selten Absolutwerte von z.B. Licht, Lautstärke oder Druck, aber sie sind perfekt im Messen von Kontrasten!

Diese Kontraste ziehen alle Aufmerksamkeit auf sich: An ständigen Lärm können wir uns gewöhnen, hört er plötzlich auf, so bemerken wir erst die angenehme Ruhe. Wenn Ruhendes plötzlich aufspringt oder kontinuierlich Laufendes auf einmal innehält, zieht das die Aufmerksamkeit auf sich: Achten Sie einmal im Winter auf die Krähen im Park. Wenn Sie an Ihnen gleichmäßig vorbeigehen, werden die Krähen kaum Notiz von Ihnen nehmen; bleiben Sie aber kurz stehen, so werden sie vermutlich kurz auffliegen.

Mit diesen Mitteln arbeiten wir bei Vorträgen: Wir wechseln die Position im Raum, wir halten kurz inne, wir lassen

Gesten für ein paar Sekunden wirken und vor allem, wir sprechen gezielt lauter und leiser.

Es ist ein beliebter Irrglaube, dass Wichtiges lauter gesagt werden muss. Dies entspricht einer dominanten Strategie und kann durchaus Sinn machen. Subtiler ist es hingegen, Wichtiges durch kleine Gesten (Steeple) und leiser Stimme zu betonen. Zusätzlich werden Sie in Ihrem Redefluss langsamer und setzen lange Pausen des Nachdenkens (Sie und Ihre Zuhörer). Das wirkt Wunder, aus reiner Aufmerksamkeit wird so synchrones Mitdenken und schlussendlich ein Verstehen Ihres Standpunktes.

Arena für die Körpersprache: Konferenztisch

Der Konferenztisch ist im Büro ein wichtiger Ort. Viele wichtige Entscheidungen werden hier getroffen, Positionen erkämpft und gefestigt, Erfolge und Niederlagen erlebt.

Gleichzeitig ist der Konferenztisch ein horizontales Territorium, wo Sie defensive und offensive Messages mit Augen, Gesicht, Händen und Schultern senden können.

Konferenztische zeigen den Oberkörper und seine Zeichen, Signale und Hinweise. Da die Variation in Oberkörpergröße kleiner ist als die der gesamten Körpergröße, wirkt ein Konferenztisch nivellierend und neutralisiert so die dominante Wirkung von Körpergröße. Der Tisch selbst kommuniziert ebenfalls: Ist er groß, von schickem Design und mit allen möglichen elektronischen Anschlussmöglichkeiten ausgestattet – oder sind es zwei aneinandergeschobene Ikea-Schreibtische, die zu einem Konferenztisch umgemodelt wurden?

Der Konferenztisch ist eine Arena der nonverbalen Kommunikation. Bei der Betonung von wichtigen Punkten ist es von Vorteil, wenn Sie sich nach vorne lehnen und Palm-down-Gesten einsetzen. Zurücklehnen und Palm-up-Gesten vermitteln Submission und mangelnde Überzeugung. Auch nonverbale Zeichen wie Körperdistanz, Kleidung, Haarschnitt und Sauberkeit wirken am Tisch viel intensiver.

Dominante Personen wählen zentrale Plätze und reden dort am meisten. Wie auch häufig am Familientisch zu beobachten, beansprucht das Oberhaupt den Kopf der Tafel für sich. Links und rechts vom Oberhaupt sitzen meistens dessen Stellvertreter, die übrigen Plätze teilen sich jene, die noch keine Führungsposition innehaben. Sehr oft kommt es vor, dass sich jene im Team, die gerne einmal durch kritisches Hinterfragen oder schlichtes Dagegensein auffallen, exakt gegenüber der Führungskraft setzen. Sie sind meist akzeptierte Quergeister, deren Wort durchaus Gewicht hat.

Leadership und zentrale Position am Tisch wie auch im Raum gehen häufig Hand in Hand. Kompetenz wird durch einen moderaten Ton, durch zügige Sprache, wenig Stottern und Zögern, durch flüssige Gesten und Augenkontakt vermittelt. Zuhörer reagieren hingegen negativ auf Dominanzzeichen wie laute Stimme, niedrige Brauen, Starren, steif-verkrampfte Haltungen und Fingerzeigen.

Fazit Körpersprache

Ich habe den Versuch unternommen, ein wenig über das weite Themenfeld Körpersprache zu informieren. Kaum eine andere Disziplin ist innerhalb der Verhaltenswissenschaften so populär wie die der Körpersprache. Dabei beherrschen wir sie perfekt und können sie ebenso gut lesen.

Es gibt eine Menge Autoren und auch Trainer, die die Körpersprache ein wenig mystifizieren. Ich zähle mich nicht dazu. Ganz im Gegenteil: Ich möchte davor warnen, wenn jemand aus Interpretationen Fakten schaffen möchte. Es gibt zum Beispiel keine eindeutigen Signale der Lüge. Es gibt nur Signale, die beim Täuschen häufiger gesendet werden als sonst. Aber sie werden eben auch sonst gesendet, also Vorsicht! Und wenn Ihnen ein Körpersprache-Guru versucht zu erklären, dass der Griff ans Kinn bedeute, diese Person suche gerade nach einem beißenden Argument, so lächeln Sie bitte milde und gehen einfach weiter. Auch der hochgestreckte große Zeh unter dem Tisch bedeutet nicht zwingend »Noch ein Bier, bitte«, genauso wenig wie verschränkte Arme Ablehnung bedeuten müssen. Denn so simpel und trivial ist die Körpersprache nun auch wieder nicht.

NACHWORT

Ich halte seit Jahren Vorträge zum Verhalten der Menschen. Es war das Interesse der Zuhörerinnen und Zuhörer, das mich zu diesem Buch motiviert hat. Im Zuge der Vorträge, sei es innerhalb von Medien-, Präsentations- oder Redecoachings, wurde ich auch immer gefragt, was dies alles nun für die Gegenwart bedeute, ob ich daraus Empfehlungen ableiten könne und ob wir uns auf die Evolution ausreden könnten. Ich tue mir beim Antworten sehr schwer. Denn Wissen zu generieren und bestehendes Wissen zusammenzufassen ist das eine, daraus Lehren zu ziehen oder gar Ausblicke zu deuten, das andere.

Ich denke, dass es nie falsch ist, sich über sich selbst Gedanken zu machen. Wer sich diese Zeit exklusiv für sich nimmt, kann daran wachsen, seine Persönlichkeit weiterentwickeln und womöglich einen Tick sensibler und verständnisvoller für die Abläufe unter uns Menschen werden. Anke van Beekhuis fasst dies in ihrem so wunderbar leicht zu lesenden Buch voller großer Inhalte »*Wer sich selbst findet, darf's behalten*« zusammen. Ja, es gibt eine Art angeborene Dynamik unserer Verhaltensweisen im Lauf des Lebens. Es kommt nicht von ungefähr, dass wir so leben, wie wir leben. Es hindert uns aber nur unser eigenes Ich daran, innezuhalten, einmal stehenzubleiben, sich umzublicken und zu reflektieren, was denn da eigentlich abläuft.

Mich erinnert das schnell gelebte Leben an eine Situation in der Londoner U-Bahn: Ich war das erste Mal in London, kannte mich mit den U-Bahn-Linien gar nicht gut aus und fand mich am Weg zum hoffentlich richtigen Bahnsteig in einem beinahe laufenden Menschenband wieder. Menschenmassen schoben sich und mich in unglaublich hohem Tempo durch die engen Gänge im Untergrund. Mitten darin und auf eine Weggabelung zuhastend sah ich keine Chance, anzuhalten und nachzuschauen, in welche Richtung ich denn weiterhasten sollte. Es war eine Energieleistung sondergleichen, mich an die Wand des Ganges zu drücken, stehenzubleiben und in einem Plan nachzusehen, ob ich richtig unterwegs war.

Und so sehe ich das mit der Evolution und unserem individuell gestalteten Leben. Ja, wir sind in der Regel mitten drin und laufen mit, das ist die Evolution – und es braucht viel Kraft, sich da einmal herauszunehmen, innezuhalten, umzuschauen und die Zeit zu finden, darüber nachzudenken, ob es denn so für einen eigentlich passt. Das ist die Selbsterfahrung und Persönlichkeitsentwicklung, die in dem Moment einsetzt, wenn man sich grundlegende Fragen zu seinem Leben stellt.

Ich hoffe, Ihnen mit diesem Buch darauf ein paar Antworten gegeben zu haben. Und ich hoffe noch mehr, bei Ihnen einige neue Fragen zu sich selbst provoziert zu haben.

WER IST SCHULD?

Das Feuer, das in Professor Karl Grammer für die Humanethologie brennt, hat durch ihn auch mich erfasst. Ohne ihn,
seine Begeisterung, seinen Zugang und seinen Humor würde
ich heute vermutlich irgendwelchen Mikroben hinterherja-
gen. Wichtiger geht es kaum.

Mitgebrannt hat von Anfang an auch meine Studienkol-
legin Elisabeth Oberzaucher. Mit jedem Gespräch mit ihr
über das soeben gemeinsam im Rahmen einer Vorlesung Ge-
hörte wuchs in mir die Lust an der Verhaltensbiologie. Das
ist bis heute so geblieben, wir brennen beide weiter, dafür
bin ich ihr sehr dankbar. Hör nicht auf damit, Lisa, never!

Weg von der Universität hat mir Emil Hierhold dankens-
werterweise die Tür in die Berufswelt geöffnet, indem er
einen – ich zitiere – »hoffnungslos überqualifizierten« Trai-
ningsassistenten bei sich im Unternehmen aufgenommen hat
und ich so den Beruf des Präsentationstrainers von der Pike
auf von den besten Trainern ihres Faches (Pepi Adelmann,
Rüdiger Tesar, Thomas Kastner, ...) lernen konnte. Ihnen
gebührt mein großer Dank.

Und Bernhard Dostal hat mir die Möglichkeit gegeben,
mich in diesem Beruf so richtig auszutoben, zu wachsen und
mein akademisches Wissen mit den praktischen Anforderungen zu verbinden. Danke dafür!

Zuletzt möchte ich mich bei jenen rund 1.000 Trainings-
kunden bedanken, die mich durch ihre Fragen und dem
Wunsch nach einer Zusammenfassung meines Wissens über

Jahre hinweg hin zum Buchprojekt gepusht haben. Jetzt habt ihr es geschafft, bravo.

Dass ich die Zeit, die ich für das Schreiben dieses Buches aufgewendet habe, auch mit meiner Tochter und Frau hätte verbringen können, ist mir klar. Nicht klar ist mir, ob sie das auch gewollt hätten ;-) trotzdem Danke für die Ruhe, die ich doch immer wieder zum Schreiben benötigt habe – ganz dicke Umarmung!

ANHANG

Quellen- und Literaturverzeichnis

Advances in experimental social psychology 25, 227–275.

Barash, D. P.: (1977). Sociobiology and behavior. Heinemann Educational Publishers, 1st New edition (26. Februar 1979).

Bateman, A. J.: (1948). Intra-sexual selection in Drosophila. In: The Journal of Heredity. 2:349–368, Oxford University Press.

Bellis M. A., Baker R. R.: (1991). Do females promote sperm competition? Data for humans. Animal Behaviour, 40, pp. 997–999.

Benedict, R.: (1934). Patterns of Culture.

Benedict, R.: (1935). Zuni mythology. New York, Columbia University Press.

Boas, F.: (1913). Ethnology of the Kwakiutl. In: Annual report of the Bureau of American Ethnology to the Secretary of the Smithsonian Institution. 35, 1913/14, ZDB-ID 2081945, S. 43–749.

Boas, F.: (2016). unveränderter Nachdruck der Originalausgabe von 1895) Indianische Sagen: von der Nord-Pacifischen Küste Amerikas. Hansebooks.

Brannigan, C., Humphries, V.: (1969). I see what you mean. New Scientist. 42: 406–408.

Byrne, R. W., Whiten, A.: (1988). Machiavellian Intelligence: Social Expertise and the Evolution of Intellect in Monkeys, Apes, and Humans. Oxford University Press.

Christakis, N., Fowler, J.: (2011). Connected. Die Macht sozialer Netzwerke. Wer uns wirklich beeinflusst und warum Glück ansteckend ist. S. Fischer Verlag.

Cohen, D.: (2015). Body Language. Jaico Publishing House.

Darwin, C.: (1871). Die Abstammung des Menschen und die geschlechtliche Zuchtwahl. Engl. Originaltitel: The Descent of Man, and Selection in Relation to Sex vom 24. 2. 1871. John Murray, London.

Dunbar, R.: (1998). Klatsch und Tratsch. Wie der Mensch zur Sprache fand. C. Bertelsmann.

Eibl-Eibelsfeldt, I.: (1968). Zur Ethologie des menschlichen Grußverhaltens. Zeitschrift für Tierpsychologie 25, S. 727–744.

Eibl-Eibesfeldt, I., Schiefenhövel, W., Heeschen, V.: (1989). Kommunikation bei den Eipo. Berlin.

Eibl-Eibesfeldt, I.: (1993). Liebe und Hass. Zur Naturgeschichte elementarer Verhaltensweisen. Piper.

Ekman, P.: (2007). Gefühle lesen, München, S. 249.

Etkin, W.: (1964). Reproductive behaviours. In: Etkin W. (ed.): Social behavior and organization among vertebrates. Chicago, The University of Chicago Press.

Fisher, Helen: (1993). Anatomie der Liebe. Warum sich Paare finden, sich binden und auseinandergehen. Droemer Knaur Verlag.

Fisher, Helen: (2014). Anatomy of love. A natural history of mating, marriage and why we stray. Norton, New York.

Fisher, R. A.: (1930). The Genetical Theory of Natural Selection. The Clarendon Press.

Forgas, J. P.: (1992). Affect in social judgments and decisions: A multiprocess model. Advanced in experimental social psychology, 25, 227–275

Forgas, J. P.: (1992). Soziale Interaktion und Kommunikation. Eine Einführung in die Sozialpsychologie. Psychologie Verlags Union.

Forgas, J. P.: (2013). Current Directions in Psychological Science, Bd. 22, S. 225.

Givens, D. B.: (2002) The Nonverbal Dictionary of Gestures, Signs & Body Language Cues. Center for Nonverbal Studies Press.

Goodall, J.: (2010). Mein Leben für Tiere und Natur: 50 Jahre in Gombe. Bassermann Verlag.

Grammer, K.: (1982). Wettbewerb und Kooperation: Das Eingreifen in Konflikte unter Kindergartenkindern. Dissertation (Ph.D.), (Competition and Cooperation: intervention in conflict among preschool children), presented to the Faculty of Biology at the University of Munich for the doctoral degree.

Grammer, K.: (1992). Variations on a theme: Age dependent mate-selection in humans. Behavioral and Brain Sciences, 15, pp. 100–102.

Helmholtz, H. v., Brüning, J. (Hrsg.): (1910). Handbuch der physiologischen Optik. (Gesammelte Schriften; Bd. 3). Olms, Hildesheim 2003, (Nachdruck der Ausgabe Hamburg 1910).

Hill, E. M., Nocks, E. S., Gardner, L.: (1987). Physical attractiveness: Manipulation by physique and status displays. Ethology and Sociobiology Volume 8, Issue 2, 1987, pp. 143–154.

Hold, B.: (1977). Rank and behaviour: An ethological study of pre-school children. Homo, 28, pp. 158–188.

Hold-Cavell, B. C. L.: (1992). Attention-structure or visual regard as measurement of social status in groups of children. World Futures 35, pp. 115–39.

Hold-Cavell, B.: (1992). »Attention structure" or »visual regard" as measurement of social status in groups of children. World Futures: Vol. 35 (1), Socio-Mental Bimodality, pp. 115–139

Humphrey, N. K.: (1976) The social function of the intellect. In: P. P. G. Bateson und R. A. Hinde (Hrsg.): Growing Points in Ethology. Cambridge University Press, Cambridge, pp. 303–317.

Joyce F. Benenson, The development of human female competition: allies and adversaries, Published 28 October 2013.

Levine, R., Norenzayan, A.: (1999). «The Pace of Life in 31 Countries." Journal of Cross-Cultural Psychology 30 (2), pp. 178–205.

Levine, R.: (1997). A Geography of Time: The Temporal Misadventures of a Social Psychologist, or How Every Culture Keeps Time Just a Little Bit Differently.Basic Books.

Levine, R.: (1999). Eine Landkarte der Zeit. Wie Kulturen mit Zeit umgehen. Piper Taschenbuch.

Major, B. & Heslin, R.: (1982). Perceptions of cross-sex and same-sex nonreciprocal touch: It is better to give than to receive. Journal of Nonverbal Behavior 6, pp. 148 –162.

Major, B., & Heslin, R.: (1982). Perceptions of cross-sex and same-sex nonreciprocal touch: It is better to give than to receive. Journal of Nonverbal Behavior, pp. 148–162.

Milgram, St: (1974) Obedience to Authority. An Experimental View. Harper, New York; deutscher Titel: (1997). Das Milgram-Experiment. Zur Gehorsamsbereitschaft gegenüber Autorität. 14. Aufl. Rowohlt, Reinbek.

Moore, M. M.: (1985). Nonverbal courtship patterns in women: context an consequences. Ethology and Sociobiology 6, pp. 237–247.

Morris, D.: (1997). Bodytalk. Körpersprache, Gesten und Gebärden. Heyne.

Perper, T.: (1985). Sex Signals: The Biology of Love. Philadelphia, ISI-Press.

Perper, T.: (1985). Sex Signals: The Biology of Love. Isi Pr.

Pitcairn, T. K., Schleidt, M. (1976). Dance and Decision: An Analysis of a Courtship Dance of the Medlpa New Guinea. Behaviour LVIII 3–4, pp. 298–316.

Reinhold, G. (Hrsg.): (2000). Soziologielexikon. Unter Mitarb. von Siegfried Lamnek. 4. Aufl., Oldenbourg, 2000.

Rizzolatti, G., Sinigaglia, C.: (2008). Empathie und Spiegelneurone: Die biologische Basis des Mitgefühls. Suhrkamp. (Originaltitel: So Quel che fai – Il cervello che agisce e i neuroni specchi (2006).

Schmitt & Atzwanger: (2008). Studie »Walking fast – Ranking high«.

Trivers, R.: (1972) Parental investment and sexual selection. In: B. Campbell, ed. Sexual Selection and the Descent of Man, 1871–1971, Aldine-Atherton, Chicago, pp. 136–179.

Uhl, M., Voland, E.: (2002). Angeber haben mehr vom Leben. Spektrum Akademischer Verlag.

Walsh, D. G., J. Hewitt, J.: (1985). Giving men the come-on: effect of eye contact and smiling in a bar environment. In: Perceptual and Motor Skills, 61, pp. 873–874.

Zahavi, Am., Zahavi, Av.: (1998). Signale der Verständigung. Das Handicap-Prinzip. Insel Verlag, Frankfurt am Main.

Zahavi, Am.: (1975). Mate selection: A selection for a handicap. In: Journal of Theoretical Biology. Band 53, 1975, S. 205–214.

Gregor Fauma

Gregor Fauma hat in Wien und Rom Biologie studiert und sich dabei auf die Humanethologie, die das Verhalten der Menschen untersucht, spezialisiert. Als Medien-, Präsentations- und Redetrainer bereitete er in Folge fünfzehn Jahre lang Führungskräfte und Politiker auf heikle Auftritte vor, dabei immer gestützt auf sein akademisches Wissen zum Verhalten der Menschen. Für den ORF analysierte er mehrmals die Spitzenkandidaten im Rahmen von Wahlkonfrontationen. Der Universität blieb er als Lektor treu. Darüber hinaus schreibt er bald sechs Jahre im Feuilleton des Standards und rezensiert Restaurants auf der Gourmetplattform www.speising.net und für den Slow Food Guide.

Wer Gregor Fauma als Vortragenden bucht, kann was erleben: Action auf der Bühne, Gelächter im Publikum und Gesprächsthemen im Unternehmen für die nächsten Tage und Wochen. Dieses Buch schafft einen schönen Überblick über seine Themen.

Gregor Fauma
Messerschmidtgasse 25
1180 Wien
office@gregorfauma.com
www.gregorfauma.com
+43 (0)664 849 89 65

www.facebook.com/gregorfauma.keynotespeaker

Lena Doppel | Katrin Zita

Digital Happiness
Online selbstbestimmt und glücklich sein

Finden Sie Ihren digitalen Wohlfühl-Level

Bewegen Sie sich mit einem Gefühl von Unsicherheit durch digitale Welten? Quälen Sie Fragen wie:

- Was passiert mit meinen Daten?
- Sollte ich überhaupt auf Facebook sein?
- Wie kläre ich meine Kinder richtig über das Internet auf und schütze sie vor unliebsamen Überraschungen?
- Wo muss ich mich abgrenzen, um Gefahrenquellen aus dem Weg zu gehen?

Bestsellerautorin und Coach Katrin Zita und Lena Doppel, New Media Trainerin und Digital Strategist, durchleuchten unser virtuelles Leben, nehmen diffuse Ängste und schaffen Klarheit. Sie zeigen, wohin die technischen Entwicklungen führen, wie wir mit diesem Wissen selbstbestimmt handeln und wie Sie am Puls der Zeit bleiben können.

Hardcover 192 Seiten
Format 13,5x21,5cm
ISBN: 978-3-903090-05-7

Preis: 19,⁹⁵ €

Bestellen Sie unter +43 (0) 1 505 43 76-30 oder per Fax: +43 (0) 1 505 43 76-20 oder unter verlag@goldegg-verlag.com